高职高专机电类专业系列教材

电工电子技术项目化教程

主　编　贺东梅
副主编　张　燚　康雅微　李　波

西安电子科技大学出版社

内 容 简 介

本书结合最新的职业教育教学改革成果,依据"项目导向,任务驱动,学做合一"的要求编写。全书分为 9 个项目,通过实际的电子产品介绍电子产品的设计原理、步骤和方法。本书内容全面,结构新颖,具有创新性。

本书可作为高等职业院校相关课程的教材,也可以作为开放大学、成人教育、自学考试、中职学校和培训班的教材,还可作为参加大学生电子设计竞赛的参考书。

图书在版编目(CIP)数据

电工电子技术项目化教程/贺东梅主编. —西安:西安电子科技大学出版社,2021.5
ISBN 978 - 7 - 5606 - 5933 - 6

Ⅰ.①电… Ⅱ.①贺… Ⅲ.①电工技术—职业教育—教材 ②电子技术—职业教育—教材 Ⅳ.①TM ②TN

中国版本图书馆 CIP 数据核字(2021)第 025724 号

策划编辑　秦志峰
责任编辑　王 芬　秦志峰
出版发行　西安电子科技大学出版社(西安市太白南路 2 号)
电　　话　(029)88242885　88201467　　邮　　编　710071
网　　址　www.xduph.com　　　　　电子邮箱　xdupfxb001@163.com
经　　销　新华书店
印刷单位　陕西天意印务有限责任公司
版　　次　2021 年 5 月第 1 版　2021 年 5 月第 1 次印刷
开　　本　787 毫米×1092 毫米　1/16　印张 15
字　　数　356 千字
印　　数　1～2000 册
定　　价　42.00 元
ISBN 978 - 7 - 5606 - 5933 - 6/TM
XDUP 6235001 - 1

前　　言

进入 21 世纪后，各式各样的电子产品层出不穷，电子技术的应用范围越来越广，每门学科或每个行业中都可以看到电子技术的应用。

本书是在课程教学经验与企业实践的基础上，结合最新的职业教育教学改革成果与要求，依据"项目导向，任务驱动，学做合一"的要求编写而成的。书中从常用模拟电路的设计、基本数字电路的设计、数/模混合电路的设计、稳压电源的设计、单片机控制电路的设计等方面介绍项目设计的实施方案和实施过程。这些项目基本涵盖了模拟电子技术、数字电子技术、单片机技术等内容，可训练学生在电路设计、产品制作、产品调试、产品检测及故障处理等方面的综合应用能力，提高学生的综合素质与职业能力，为学生职业生涯的发展奠定基础。

本书采用项目化模式来编写，循序渐进地介绍与各项目相关的知识点，且注重实践，旨在通过电子电路的设计与制作实践，提高学生的工程实践能力、分析问题与解决问题的能力。

贺东梅担任本书主编，张燚、康雅微和李波担任副主编。贺东梅对本书的编写思路与大纲进行了总体策划，对全书进行了统稿，编写了项目1～项目8；张燚负责电子资源的整理和完善工作；康雅微负责书中习题的收集工作；李波编写项目9。

本书 9 个项目的参考学时如下表所示，各院校可根据不同专业背景的教学需求和实验实训环境对项目任务和学时数进行适当调整。建议课内学时：课外学时为 1∶1。

序号	项 目 名 称	参考学时
1	项目1　日光灯照明电路的设计	6
2	项目2　常用模拟电路的设计	6
3	项目3　集成运算放大器构成的运算电路的设计	8
4	项目4　集成运算放大器构成的典型应用电路的设计	16

序号	项目名称	参考学时
5	项目5　组合逻辑电路的设计	14
6	项目6　时序逻辑电路的设计	10
7	项目7　数/模混合电路的设计	10
8	项目8　稳压电源的设计	8
9	项目9　单片机控制电路的设计	8

由于编者水平有限，书中难免存在欠妥之处，敬请广大读者批评指正。

为方便教师教学与学生自学，本书配有电子教学课件和习题参考答案，需要者可从出版社网站下载。

编　者

2021 年 2 月

目　　录

项目 1　日光灯照明电路的设计

项 目 概 述

通过本项目的学习，学生可以掌握电子产品设计方法的相关理论知识，进一步提高实际动手能力，并通过日光灯照明电路的设计，理解正弦交流电的基本概念，熟悉正弦交流电的表示方法，深刻理解相量的概念，了解交流电路中基本元件的基尔霍夫定律的相量形式，以及 RLC 串、并联电路和谐振电路，理解提高功率因数的意义。

任务 1.1　电子产品设计方法概述

任务目标

学习目标：进一步掌握电子产品设计方法的相关理论知识，提高实际动手能力，通过对电子产品的设计方法及过程的学习，强化分析问题与解决问题的能力。

能力目标：提高创新意识，逐步掌握电子产品设计与开发的技能。

任务分析

从电子产品的概念入手，阐述了电子产品设计的原则和步骤，重点介绍电子产品的设计方法。

知识链接

1.1.1　相关概念

1. 电子信息产品

电子信息产品指采用电子信息技术制造的雷达产品、通信产品、广播电视产品、计算机产品、家用电子产品、电子测量仪器产品、电子专用产品、电子元器件产品、电子应用产品、电子材料产品等产品及其配件。

2. 电子产品设计

设计(Design)是一种创造活动，人类在创造社会物质文明的同时也促进了设计的发展。"设计"一词在日常生活和工作中经常使用，但人们对设计的概念较为模糊。《现代汉语词典》中对"设计"的解释是：在正式做某项工作之前，根据一定的目的和要求，预先制订方法、图样等。

从上面的定义可以明确，设计是一个思维过程，是构思和创造，是将设想以最佳方式转化为现实的活动过程。电子产品的设计就是根据课题的要求，以科学理论为依据，以知识技能为基础，创新构思，将研究方案予以实现的过程。

1.1.2　电子产品概述

电子产品是以电能为基础的相关产品，因早期产品主要以电子管为基础元件而得名。电子产品的应用领域非常广，我们日常用的很多东西都离不开电子产品，如电脑、手机、数码相机、MP3、微波炉、电视机、音箱等。

第一代电子产品以电子管为核心。20 世纪 40 年代末世界上第一只半导体三极管诞生，它以小巧、轻便、省电、寿命长等特点，很快被各国应用起来，在很大范围内取代了电子管。20 世纪 50 年代末期，世界上出现了第一块集成电路，它把许多晶体管等电子元件集成在一块硅芯片上，使电子产品向更小型化发展。之后，集成电路从小规模集成电路迅速发展到大规模集成电路和超大规模集成电路，从而使电子产品向着高效能、低消耗、高精度、高稳定性、智能化的方向发展。

从 20 世纪 90 年代后期开始，融合了计算机、信息与通信、消费类电子三大技术的信息家电开始广泛地深入人们的家庭生活。信息家电具有视听、信息处理、双向网络通信等功能，由嵌入式处理器、相关支撑硬件、嵌入式操作系统以及应用层的软件包组成。从广义上来说，信息家电包括所有能够通过网络系统交互信息的家电产品，如 PC、机顶盒、HPC、DVD、超级 VCD、无线数据通信设备、视频游戏设备、Web TV 等。目前，音频、视频和通信设备是信息家电的主要组成部分。从长远看，电冰箱、洗衣机、微波炉等也将发展成为信息家电，并构成智能家电的组成部分。

1.1.3　电子产品的分类

1. 按功能分类

电子产品按其功能可分为以下三类：

（1）公共服务类电子产品：如电子计算机、通信机、雷达和电子专用设备等，这类电子产品是国民经济发展的基础。

（2）个人消费类电子产品：如电视机、录音机、录像机等，这类电子产品主要为提高人民的生活水平服务。

（3）工业用电子产品：主要是电子元器件产品及专用材料，如集成电路、高频磁性材料、半导体材料和高频绝缘材料等，主要为工业生产服务。

2. 按使用人群分类

电子产品按使用人群可分为儿童电子产品、老年人电子产品、普通成年人电子产品、特殊人群（如残疾人、病人等）电子产品等。

3. 按国家标准分类

电子产品按国家标准可分为视频产品、音频产品、计时产品、信息产品、娱乐产品、学习辅助产品、医疗保健产品、电磁炊具、安全保护器具等。

1.1.4　产品设计原则

一个产品的设计必须具备科学性、易用性、技术规范性、可持续发展性、经济性、创新性、求适性等原则，它们既是设计的基本原则，又是评价设计作品的基本标准。这些原则之间往往互相关联、互相制约、互相渗透、互相影响，并体现在设计过程的各个环节之中。

1. 科学性原则

一切设计均需遵循科学性原则。比如，电动机、发电机的设计遵循了电磁感应定律；照相机中镜头加增透膜的设计遵循了光的反射和折射原理；电冰箱的设计遵循了气化吸热、蒸发制冷的科学原理；监控设备的设计遵循了传感器输入信号通过处理器处理信号的科学原理。

2. 易用性原则

易用性是产品设计中要考虑的重要问题之一。传统的产品设计由于受到当时的设计理念和科学技术的限制，在产品的使用层面上常常偏重于以工程设计为主导的可用性设计，设计出来的产品往往要求用户掌握一定的专业知识，才能适应和学习该产品的各种功能和操作应用。

随着产品功能、科学技术的不断进步，那种以可用性为基础的设计早已不能适应用户对产品的认知和使用，尤其是那些日新月异的信息技术一体化产品。为使用户易用、乐用和高效应用这些一体化产品，易用性就成为产品使用层面上的设计重心。从可用性到易用性，一门崭新的学科——交互设计出现在设计师的面前。

3. 技术规范性原则

技术规范性原则是产品设计制造时必须要遵守的。各行各业都有一些设计上的技术规范，这些规范往往是实践经验和科学理论的总结，进行设计活动时必须遵循。有的技术规范是在法规文件中以技术标准的要求出现的，设计时必须严格执行，否则就有可能出现质量或安全方面的问题。

4. 可持续发展性原则

可持续发展性原则的基本思想是将环境因素和预防污染的措施纳入设计之中，将环境保护作为产品的设计目标和出发点。

产品的设计要考虑到人类长远的发展、资源与能源的合理利用、生态的平衡等可持续发展的因素。技术产品是与生态、环境、资源等紧密相连的。

可持续发展性原则的主要内容为：设计过程中要尽可能减少对原料和自然资源的使用，减少各种技术、工艺对环境的污染；在设计过程中最大限度地减小产品的质量和体积，精简机构；在生产中减少损耗；在流通中降低成本；在消费中减少污染；改进产品结构设计，使产品废弃物中尚有利用价值的资源或部件便于回收，以减少废弃物。

5. 经济性原则

经济性原则是用较低的成本获得较好的设计产品的原则。设计者应该通过合理地使用材料、合理地制订设计要求、注重加工工艺过程的经济性等方面的综合考虑，使自己的设

计符合经济性原则，即从材料、技术、管理工艺（加工方法）、包装、运输、仓储等方面
考虑。

6. 创新性原则

产品设计的创新形式是至关重要的，创新是设计的灵魂。产品设计的创新原理可概括
为两个方面：注重价值、经济实用的经济-价值性原理和科技先导、实施转化的科技-人性
化原理。

7. 求适性原则

产品设计要求产品适宜于人，即以人为本、以用户为中心展开设计，综合考虑人体工
学、感性工学、设计心理学、人与环境的协调发展等因素。

虽然求适性常常被视为品牌设计的范畴，但它也是设计能够发挥效能的地方——好的
产品、产品与用户的交互方式、用户每一次和产品接触的体验等，都是产品设计的目标。

1.1.5　电子产品设计中的关键因素

电子产品设计中的关键因素主要有以下几方面：

(1) 人机交互性；

(2) 计算机科学技术的发展；

(3) 造型设计；

(4) 可靠性；

(5) 创新性。

1.1.6　电子产品设计的要求及步骤

电子产品设计包括工程技术设计和结构造型设计两个方面的内容。其中工程技术设计
是本书重点讨论的内容，它包括总体设计、结构设计、可靠性设计、工艺设计、标准化设
计、质量控制、计量控制、电路设计等方面的内容。在设计中，设计人员不能只考虑工程技
术设计，而忽略结构造型设计，必须全面考虑，根据已经提出的技术构想制订出具体明确
的完整方案。电子产品设计与电子产品研究和开发相比，具有更明确的目标、更多的约束
条件和方案选择余地。

由此可见，进行电子产品设计，不仅要掌握过硬的电子专业知识，还要了解市场变化，
懂得产品造型艺术，对视觉、触觉、安全、使用标准等方面有深入了解，设计人员应该把对
这些方面的考虑与生产过程中的技术要求，包括销售机遇、流通环节和维修服务等有机地
结合起来。此外，了解 ISO－9000 的质量认证和 3C 认证的相关法规也是十分必要的。

1. 电子产品设计的要求

进行产品设计时要考虑众多要素，在设计中处理好它们之间的相互关系是产品设计的
关键所在。产品的设计对产品的性能、成本具有较大影响。进行电子产品设计时应按照可
靠性、安全性、实用性、经济性、工艺性、标准化、延续性的要求进行。

1）可靠性

可靠性是指产品在规定的条件下和时间内不出故障地完成规定功能的概率。产品的寿
命取决于产品的可靠性，而产品的可靠性主要取决于设计的可靠性。

2) 安全性

在设计电子产品时要特别注意安全性的设计。世界各国都对电子产品有安全性的规定，例如美国的 UL（Underwriter Laboratories，保险商实验所）标准、加拿大的 CSA（Canadian Standards Association，加拿大标准协会）标准、欧洲的 IEC（International Electrotechnical Commission，国际电工技术委员会）标准、日本的电气用品取缔法等，尤其是出口产品必须要取得进口国的安全认证才能出口。尽管各国对不同产品的安全标准规定不尽相同，但为了防止触电、火灾等事故的发生，都对绝缘材料、绝缘距离、认定元器件等有相应的规定。例如，规定相邻电路间根据其电压差的等级应保持一定的空间距离；规定关键元器件必须使用已认定的产品；规定产品在任意元器件发生开路和短路故障时都不得有火焰产生；等等。

3) 实用性

实用性是指性能良好，操作、使用与维护方便，是产品设计的目的。电子产品设计中应遵循实用、合理、为消费者着想的设计原则，设计出的产品要物有所值，避免华而不实。

4) 经济性

设计的产品不仅要有良好的性能，还要有较好的经济性，这就要求设计的产品在满足性能要求的基础上，结构简单，省工省料，以降低生产成本。例如，采用的元器件等级、加工精度等要与技术要求相适应，不过度提高元器件的等级和精度；当产品的寿命受到某种元器件（如电解电容器）寿命的制约时，其他元器件就不必选用寿命过长的。

5) 工艺性

工艺性是衡量设计质量的重要标志之一。美国专家对机电产品质量的分析表明，工艺性不良所造成的缺陷约占缺陷总数的 20%。因此，产品设计要有良好的工艺性，尽可能考虑到加工的方便、制造上的技术水平和设备的生产能力，尽量采用省时、省料、能降低制造成本和减少加工工序的工艺流程。

6) 标准化

在产品设计中要贯彻执行标准化、通用化、系统化的设计原则，积极采用国际先进技术标准，这样可以简化产品结构和设计，提高零部件的通用性和互换性，节省开发时间，便于生产和维修。在产品设计中贯彻标准化，就要在产品结构上尽量少用非标准件，多采用标准件、通用件、通用电路和标准单元结构，对零部件的形状、尺寸、精度、公差等要执行国家标准，所有技术文件都要符合统一规定。

7) 延续性

产品设计中，尽可能采用原有产品中先进合理的部分及已掌握的生产技术和生产经验，这样不仅可以使原有的设备得以重复使用，降低产品成本，还可以减少设计工作量，缩短设计时间，加快开发进度。

2. 电子产品设计的一般步骤

电子产品设计的一般步骤如图 1-1 所示。

在电子产品的设计过程中，尽管想象有时比程序更重要，但作为一项系统工程，必须按照一定的程序进行。这关系到一个产品能否成功诞生，甚至关系到一个企业的命运，是设计能够科学、有效进行的重要保证。

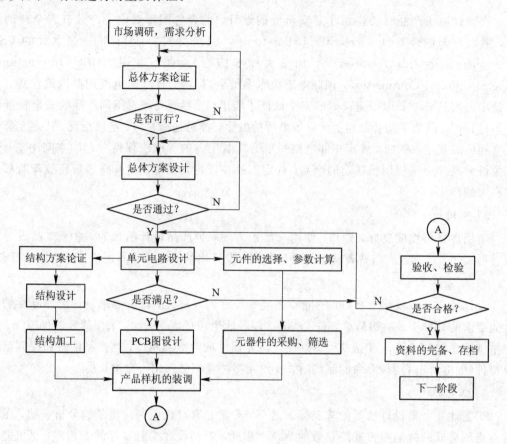

图 1-1 电子产品设计的一般步骤

对电子产品设计步骤的说明如下：

1) 设计问题的提出

设计问题的提出一般有两种方式：一种是设计人员在生活中主动发现问题；另一种是设计人员接受他人（一般是上级主管）要求的设计任务，从而有了一个由别人提出但需要设计人员解决的问题。

要解决问题，设计人员就要与任务委托者（主管领导）商谈，进行仔细的调查和深入的研究，弄清问题的梗概，即设计、制造什么，这样设计会产生什么结果，为什么要这样设计。

2) 设计的准备工作

(1) 设计目标定位。设计问题提出来之后，经过认真思考将一个主导思想确定下来，这个主导思想就是设计目标。设计目标定位的目的是确定设计诉求的基点，没有定位，就无法使设计有的放矢地进行，也难以突出设计的个性，实现设计的目的。可以从两个方面思考设计目标定位：一是设计的目标对象是哪些人；另一个是目标对象对设计的期望是什么。

(2) 针对问题收集信息。设计目标确定之后，需要进一步收集与目标相关的信息和材料，其中包括直接信息和间接信息。信息和材料收集得是否全面与准确关系到整个设计的成败。信息、材料大致体现在人、物、环境、社会等四个方面。具体而言，主要有用户的动机、需求、价值观念的材料，产品的制作材料与生产工艺技术资料，社会的经济环境和市场情况，竞争对手的相关材料，产品未来的发展趋势等。

　　3）综合构思

　　(1)信息的分析与消化。将收集到的材料归纳分类，进行深入的分析研究，以寻求问题的解决方案。

　　(2)构思的形成。构思的形成过程就是把分析所得到的可能的解决方案与设计目标进行对比，然后提出设计方案的雏形。在这个过程中，创造性思维和技法的运用十分关键。

　　(3)构思的发展。构思的发展是对设计方案进行深入、具体化的创造，使设计创意得到全面体现的阶段。在这个阶段，设计者要充分发挥自己的专业特长和表现力，使用各种设计技巧，形成许多方案，完成整机效果图、结构方框图、工作原理图、样机模型等，并对设计项目进行全面具体的介绍，供任务委托者审阅。

　　4）设计方案的审核

　　设计方案全部完成之后，设计人员应对方案进行最后审核以确定最佳方案。其中审核的因素包括产品的功能、造型、技术、经济、审美等，若有不完善之处，设计者应再进行修改补充，然后将设计方案正式交付给委托者。

　　5）设计实施监督

　　当设计方案的审核初步通过之后，为确保设计人员的设计意图得以全面准确地实现，要求设计者要与企业生产技术人员和生产组织人员一起解决设计方案在实施过程中出现的问题。

　　6）产品试制、试用

　　当产品的产量确定后，先进行小量试制，以检验设计与生产设备的配合等问题。之后将这些小量产品投放市场作短期试用，并收集试用资料及消费者的反应，再对产品设计作大量上市前的修改。

　　7）导入市场

　　导入市场这个阶段并非对所有的设计任务都是必需的，但对于有些设计则是需要的，如新产品设计。导入市场是产品设计的一个重要的程序，即设计人员以顾问的形式，围绕设计目标、市场定位和产品卖点，通过产品广告、展示等设计手段帮助产品顺利地导入市场。

　　8）设计的全程管理

　　在设计方案经过生产制作投入市场之后，设计人员应该配合设计委托者进行深入跟踪调查，搜集反馈信息。如果发现设计中存有不合理因素，或者发现新价值的潜在需求动向，则需要对设计方案进行改进调整，为下一步的生产、销售作准备。

　　3. 产品设计的一般方法

　　产品设计的一般方法分为顶层设计法和底层设计法。

　　1）顶层设计法

　　顶层设计法的一般步骤如图 1-2 所示。

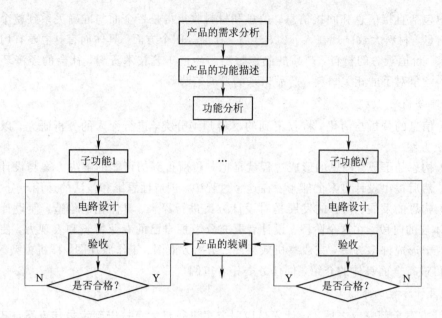

图 1-2　顶层设计法的一般步骤

2) 底层设计法

底层设计法的一般步骤如图 1-3 所示。

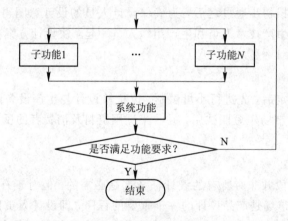

图 1-3　底层设计法的一般步骤

3) 顶层与底层综合设计

系统集成法是建立在顶层设计法的基础上的。对于一个复杂的电子系统,可以在完成顶层系统设计后,分头实施下一级设计,在下一级的所有部分都完成后,采取系统集成法将各部分整合到一起进行联调。

1.1.7　现代电子产品的设计方法——EDA 设计

电子设计自动化(Electronic Design Automation, EDA)是指利用计算机辅助设计(Computer Aided Design, CAD)软件来完成超大规模集成电路(Very Large Scale Integration, VLSI)芯片的功能设计、综合、验证、物理设计(包括布局、布线、版图、设计规则检查等)等流程的设计方式。

在电子设计自动化出现之前,设计人员必须手工完成集成电路的设计、布线等工作,这是因为当时的集成电路的复杂程度远不及现在。随着芯片设计的复杂程度的提升和用来进行集成电路逻辑仿真、功能验证的工具的性能的提升,设计项目可以在构建实际硬件电路之前进行仿真,这样可以大大降低芯片布局、布线对设计人员的要求。

1.1.8　电子产品设计的主要内容

1. 总体设计

根据产品的设计任务、功能、性能的需求,一般采用顶层设计法分析产品应该完成的功能,将总体功能分解成若干子功能模块,理清主、次功能的相互关系,形成总体方案。通过比较论证、修改、优化形成相对比较完善的最佳方案,同时提出结构、可靠性、标准化、质量控制与监督、计量控制、工艺等方面的要求。

总体设计需注意以下几点:

(1) 技术指标。

(2) 产品使用环境。

(3) 产品的环境指标,包括温度、湿度、振动等。

(4) 关键元器件的采购渠道。

(5) 元器件的老化、筛选。

(6) 研制技术的风险。一个产品的研制一般会存在技术上的难点。总体设计应尽可能利用成熟技术来实现产品的功能,以减小研制风险。对于技术上的难点,应首先进行预先研究,待技术成熟以后再转入后续的研制。

(7) 产业政策与环境评估。

2. 结构设计

结构包括外部结构和内部结构两部分。外部结构指机柜、机箱、机架、底座、面板、底板等。内部结构指零部件的布局、安装、相互连接等。要实现合理的结构设计,必须对整机的原理方案、使用条件和环境、功能、技术指标及元器件等十分熟悉。

根据产品的总体要求进行结构设计时,应根据电子产品使用的温度范围、环境因素,设计合理的结构形式和布局,考虑是否需要减振、三防等措施,特别是对于电路的散热问题,要设计合理的风道等。

高温会引起电子产品的绝缘性能退化,元器件损坏,材料老化,低熔点焊缝开裂,焊点脱落等,因此必须采用合理的散热方式控制产品内部所有电子元器件的温度。

3. 可靠性设计

产品的可靠性设计,从表面上看是技术问题,但实质上包含技术和管理两个方面。首先要对产品的 MTBF(Mean Time Between Failure,平均故障间隔时间)进行预测,以确定是否满足总体要求。

4. 电路设计

电路设计一般包含模拟电路设计和数字电路设计。模拟电路设计主要依赖典型电路及功能模块。数字电路经历了分立元件、SSI(Small Scale Integration,小规模集成)、MSI

（Medium Scale Integration，中规模集成）、LSI（Lager Scale Integration，大规模集成）、VLSI（Very Large Scale Integration，超大规模集成）的发展过程，随着计算机及大规模可编程器件的发展与成熟，数字电路的设计也经历了逻辑设计、计算机辅助设计（Computer Aided Design，CAD）、电子设计自动化（Electronic Design Automation，EDA）等几个阶段。随着高速大规模集成器件的迅猛发展，模拟电路数字化的趋势将更加明显。

任务 1.2　日光灯照明电路的设计

任务目标

　　学习目标：学习三种电路中基本元件的伏安关系的相量形式及其功率；学习正弦交流信号激励下的 RLC 电路特性；了解谐振电路的分析方法；掌握正弦交流电路中功率的计算。

　　能力目标：掌握日光灯照明电路的设计方法。

任务分析

　　日常生活中用电负载大多数是感性负载，为了提高功率因数，通常并联电容器进行补偿。本任务通过日光灯照明电路的设计，理解提高功率因数的意义。

知识链接

1.2.1　电阻、电感与电容元件串联的交流电路

　　图 1-4 为电阻、电感和电容的串联电路，电路的各元件通过同一电流。电流和各个电压的参考方向如图 1-4 所示。

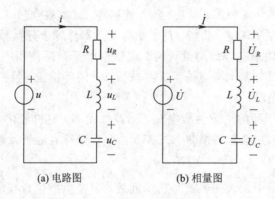

(a) 电路图　　　　　(b) 相量图

图 1-4　RLC 串联电路

　　根据基尔霍夫电压定律（Kirchhoff Voltage Laws，KVL）可列出

$$u = u_R + u_L + u_C = Ri + L\frac{\mathrm{d}i}{\mathrm{d}t} + \frac{1}{C}\int i\,\mathrm{d}t \qquad (1-1)$$

如用相量表示电压与电流的关系，则为

$$\dot{U} = \dot{U}_R + \dot{U}_L + \dot{U}_C = [R + j(X_L - X_C)]\dot{I} \qquad (1-2)$$

式(1-2)即为基尔霍夫电压定律的相量表示。

将式(1-2)写成

$$\frac{\dot{U}}{\dot{I}} = R + j(X_L - X_C) \qquad (1-3)$$

式中，$R + j(X_L - X_C)$ 称为电路的阻抗，用大写 Z 表示，即

$$Z = R + j(X_L - X_C) = \sqrt{R^2 + (X_L - X_C)^2}\, e^{j \cdot \arctan \frac{X_L - X_C}{R}} = |Z| e^{j\varphi} \qquad (1-4)$$

式中：

$$|Z| = \sqrt{R^2 + (X_L - X_C)^2} = \sqrt{R^2 + \left(\omega L - \frac{1}{\omega C}\right)^2} \qquad (1-5)$$

是阻抗的模，称为阻抗模，即

$$\frac{U}{I} = \sqrt{R^2 + (X_L - X_C)^2} = |Z| \qquad (1-6)$$

阻抗的单位也是欧姆，具有对电流起阻碍作用的性质；φ 是阻抗的辐角，为电流与电压之间的相位差，其计算式为

$$\varphi = \arctan \frac{X_L - X_C}{R} \qquad (1-7)$$

设电流 $i = I_m \sin\omega t$ 为参考正弦量，则电压

$$u = U_m \sin(\omega t + \varphi)$$

图 1-5 是电流与各个电压的相量图。

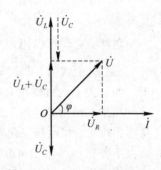

由式(1-4)可知，阻抗的实部为"阻"，虚部为"抗"，它表示了电路的电压和电流之间的关系，既表示了大小关系(反映在阻抗模 $|Z|$ 上)，又表示了相位关系(反映在辐角 φ 上)。对电感性电路 ($X_L > X_C$)，φ 为正；对电容性电路 ($X_L < X_C$)，φ 为负。当然，也可以使 $X_L = X_C$，即 $\varphi = 0$，则为电阻性电路。因此，φ 的正负和大小是由电路(负载)的参数决定的。

图 1-5 电流与电压的相量图

1.2.2 功率的计算

电阻、电感和电容元件串联的交流电路的瞬时功率为

$$p = ui = U_m I_m \sin\omega t \sin(\omega t + \varphi) \qquad (1-8)$$

可推导出

$$p = UI\cos\varphi - UI\cos(2\omega t + \varphi) \qquad (1-9)$$

由于电阻元件上要消耗电能，相应地平均功率为

$$P = \frac{1}{T}\int_0^T p\,dt = \frac{1}{T}\int_0^T [UI\cos\varphi - UI\cos(2\omega t + \varphi)]dt = UI\cos\varphi \qquad (1-10)$$

由图 1-5 所示的相量图可得出

$$U\cos\varphi = U_R = IR$$

于是

$$P = U_R I = R I^2 = UI\cos\varphi \qquad (1-11)$$

而电感元件与电容元件要储放能量，即它们与电源之间要进行能量互换，相应地由图 1-5 所示的相量图可得出无功功率为

$$Q = U_L I - U_C I = (U_L - U_C)I = I^2(X_L - X_C) = UI\sin\varphi \qquad (1-12)$$

式(1-11)和式(1-12)是计算正弦交流电路中平均功率(有功功率)和无功功率的一般公式。

由上述可知，一个交流发电机输出的功率不仅与发电机的端电压及其输出电流的有效值的乘积有关，还与电路(负载)的参数有关。电路的参数不同，电压与电流间的相位差 φ 不同；在同样的电压 U 和电流 I 之下，电路的有功功率和无功功率不同。式(1-11)中的 $\cos\varphi$ 称为功率因数。

在交流电路中，平均功率一般不等于电压和电流有效值的乘积，如将两者的有效值相乘，则得出视在功率 S，即

$$S = UI = |Z|I^2 \qquad (1-13)$$

交流电气设备是按照规定的额定电压 U_N 和额定电流 I_N 来设计和使用的。变压器的容量就是额定电压和额定电流的乘积，即额定视在功率：

$$S_N = U_N I_N \qquad (1-14)$$

视在功率的单位是伏·安(V·A)或千伏·安(kV·A)。

由于平均功率 P、无功功率 Q 和视在功率 S 三者所代表的意义不同，因此为了区别，分别采用不同的单位。

这三个功率之间有一定的关系，即

$$S = \sqrt{P^2 + Q^2} \qquad (1-15)$$

显然，它们可以用一个直角三角形——功率三角形来表示。

另外，由式(1-4)可知，$|Z|$、R、$X_L - X_C$ 三者之间的关系以及 $\dot{U}$、$\dot{U}_R$、$\dot{U}_C + \dot{U}_L$ 三者之间的关系也可以用直角三角形表示，它们分别构成阻抗三角形和电压三角形。

功率三角形、电压三角形和阻抗三角形是相似的，现在把它们同时表示在图 1-6 中。从图中可见，将电压三角形的有效值同除以 I 得到阻抗三角形，将电压三角形的有效值同乘以 I 便得到功率三角形。

应当注意：功率和阻抗不是正弦量，所以不能用相量表示。

由图 1-6 可得功率因数为

$$\cos\varphi = \frac{P}{S} = \frac{R}{|Z|} = \frac{\dot{U}_R}{\dot{U}} \qquad (1-16)$$

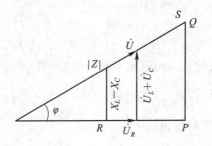

图 1-6　功率、电压、阻抗三角形

交流电路中电压与电流的关系(大小和相位)有一定的规律性，是容易掌握的。现将几种正弦交流电路中电压和电流的关系列入表 1.1 中，以帮助读者总结和记忆。

表 1.1　正弦交流电路中电压与电流的关系

电路	一般关系式	相位关系	大小关系	复数式
R	$u = Ri$	$\dot{U}\longrightarrow\ \varphi=0$　$\dot{I}$	$\dot{I} = \dfrac{\dot{U}}{R}$	$\dot{I} = \dfrac{\dot{U}}{R}$
L	$u = L\dfrac{\mathrm{d}i}{\mathrm{d}t}$	$\varphi = +90°$	$\dot{I} = \dfrac{\dot{U}}{X_L}$	$\dot{I} = \dfrac{\dot{U}}{X_L}$
C	$u = \dfrac{1}{C}\displaystyle\int i\,\mathrm{d}t$	$\varphi = -90°$	$\dot{I} = \dfrac{\dot{U}}{X_C}$	$\dot{I} = \dfrac{\dot{U}}{X_C}$
R、L 串联	$u = Ri + L\dfrac{\mathrm{d}i}{\mathrm{d}t}$	$\varphi > 0$	$\dot{I} = \dfrac{\dot{U}}{\sqrt{R^2 + X_L^2}}$	$\dot{I} = \dfrac{\dot{U}}{R + \mathrm{j}X_L}$
R、C 串联	$u = Ri + \dfrac{1}{C}\displaystyle\int i\,\mathrm{d}t$	$\varphi < 0$	$\dot{I} = \dfrac{\dot{U}}{\sqrt{R^2 + X_C^2}}$	$\dot{I} = \dfrac{\dot{U}}{R - \mathrm{j}X_C}$
R、L、C 串联	$u = Ri + L\dfrac{\mathrm{d}i}{\mathrm{d}t} + \dfrac{1}{C}\displaystyle\int i\,\mathrm{d}t$	相位关系分为 $\varphi=0$，$\varphi>0$，$\varphi<0$ 三种情况，示意图如该表中 $\varphi=0$，$\varphi>0$，$\varphi<0$ 时所示	$\dot{I} = \dfrac{\dot{U}}{\sqrt{R^2 + (X_L - X_C)^2}}$	$\dot{I} = \dfrac{\dot{U}}{R + \mathrm{j}(X_L - X_C)}$

1.2.3　阻抗的串联与并联

1. 阻抗的串联电路

图 1-7 是两个阻抗的串联。

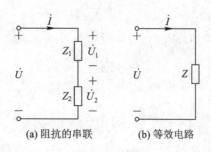

　　(a) 阻抗的串联　　　　　(b) 等效电路

图 1-7　阻抗的串联

根据基尔霍夫电压定律，有

$$\dot{U} = \dot{U}_1 + \dot{U}_2 \qquad (1-17)$$

两边除以电流 $\dot{I}$

$$\frac{\dot{U}}{\dot{I}} = \frac{\dot{U}_1}{\dot{I}} + \frac{\dot{U}_2}{\dot{I}}$$

则得

$$Z = Z_1 + Z_2 = (R_1 + R_2) + j(X_1 + X_2) \qquad (1-18)$$

这就是说，串联的阻抗 Z_1 和 Z_2 可以用一个等效的阻抗 Z 来代替。在多个阻抗串联时，等效阻抗

$$Z = \sum Z_n = \sum R_n + j\sum X_n \qquad (1-19)$$

在计算串联等效阻抗时，要注意只能阻抗相加。一般情况下，阻抗模不能直接相加，即

$$|Z| \neq |Z_1| + |Z_2| \qquad (1-20)$$

2. 阻抗的并联电路

图 1-8(a)是两个阻抗并联的电路。根据基尔霍夫电流定律可写出它的相量表示：

$$\dot{I} = \dot{I}_1 + \dot{I}_2 = \frac{\dot{U}}{Z_1} + \frac{\dot{U}}{Z_2} = \dot{U}\left(\frac{1}{Z_1} + \frac{1}{Z_2}\right) \qquad (1-21)$$

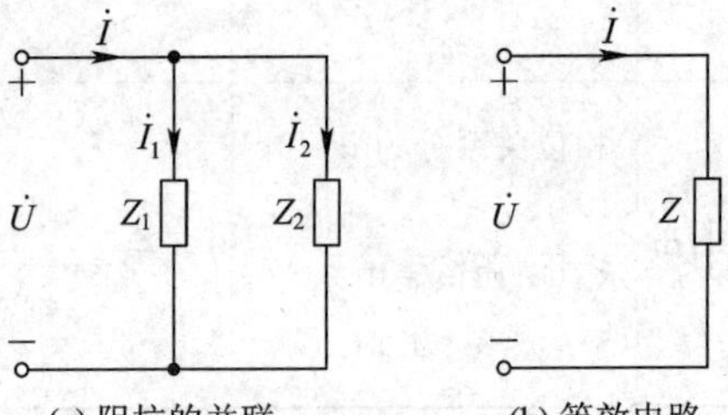

(a) 阻抗的并联　　　　(b) 等效电路

图 1-8　阻抗的并联

两个并联的阻抗也可用一个等效阻抗 Z 来代替，根据图 1-8(b)所示的等效电路可写出

$$\dot{I} = \frac{\dot{U}}{Z} \qquad (1-22)$$

由式(1-21)和式(1-22)，得

$$\frac{1}{Z} = \frac{1}{Z_1} + \frac{1}{Z_2} \qquad (1-23)$$

或

$$Z = \frac{Z_1 Z_2}{Z_1 + Z_2}$$

因为 $I \neq I_1 + I_2$，即 $\dfrac{U}{|Z|} \neq \dfrac{U}{|Z_1|} + \dfrac{U}{|Z_2|}$，所以

$$\frac{1}{|Z|} \neq \frac{1}{|Z_1|} + \frac{1}{|Z_2|} \tag{1-24}$$

由此可见，只有等效阻抗的倒数才等于各个并联阻抗的倒数之和。

和计算直流电路一样，交流电路也要应用支路电流法、结点电压法、叠加原理和戴维宁定理等方法来分析和计算。所不同的是，电压和电流应以相量表示，电阻、电感和电容及其组成的电路应以阻抗表示。

1.2.4　电路的谐振

含有电感和电容元件的无源二端网络，在一定条件下，电路呈现电阻性，即电路的等效阻抗 $Z = R$，网络总电压 u 与总电流 i 同相位，这种工作状态就称为谐振。工作在谐振状态下的电路称为谐振电路，谐振电路在电子技术与工程技术中有着广泛的应用。

按发生谐振的电路的不同，谐振现象可分为串联谐振和并联谐振。

1. 串联谐振

在 R、L、C 元件串联的电路中，当 $X_C = X_L$，或 $2\pi fL = \dfrac{1}{2\pi fC}$ 时，有

$$\varphi = \arctan \frac{X_L - X_C}{R} = 0 \tag{1-25}$$

即电源电压 U 与电路中电流 I 同相，这时电路中发生串联谐振。式(1-25)是发生串联谐振的条件，并由此得出谐振频率为

$$f = f_0 = \frac{1}{2\pi\sqrt{LC}} \tag{1-26}$$

可见，调节 L、C 或电源频率 f 都能使电路发生谐振。

串联谐振具有下列特征：

(1) 谐振时阻抗最小，且为纯阻性。

(2) 谐振时，电路中电流最大，由于电源电压与电路中的电流同相，因此电路对电源呈现电阻性。

(3) 由于 $X_L = X_C$，因此 $U_L = U_C$。而 $\dot{U}_L$ 与 $\dot{U}_C$ 相位相反，互相抵消，对整个电路不起作用，因此电源电压 $\dot{U} = \dot{U}_R$，如图 1-9 所示。

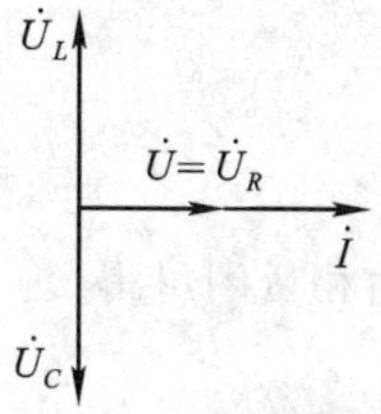

但是，U_L 和 U_C 各自的作用不容忽视，因为

$$\begin{cases} U_L = X_L I = X_L \dfrac{U}{R} \\ U_C = X_C I = X_C \dfrac{U}{R} \end{cases} \tag{1-27}$$

图 1-9　串联谐振时的相量图

当 $X_L = X_C > R$ 时，U_L 和 U_C 都高于电源电压 U。当电压过高时，可能会击穿线圈和电容器的绝缘。因此，在电力工程中一般应避免发生串联谐振。但在无线电工程中则常利用串联谐振以获得较高电压，通常在电容或电感元件上获得的电压常高于电源电压几十倍或几百倍。

例如，图 1-10 是接收机的输入电路。它的主要部分是天线线圈 L_1 和由电感线圈 L

与可变电容器 C 组成的串联谐振电路。图(b)中的 R 是线圈 L 的电阻。天线所收到的各种不同频率的信号都会在 LC 谐振电路中感应出相应的电动势 e_1，e_2，e_3，…。改变 C，将所需信号的频率调到串联谐振，这时 LC 回路中该频率的电流最大，在可变电容器两端该频率的电压也较高。其他各种不同频率的信号虽然也在接收机里出现，但由于它们没有达到谐振，因此在回路中引起的电流很小，这样就起到了选择信号和抑制干扰的作用。

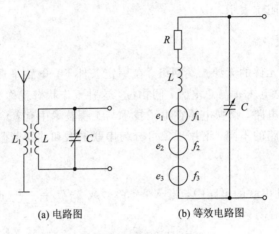

(a) 电路图　　　　　　(b) 等效电路图

图 1 - 10　接收机的输入电路

2. 并联谐振

图 1 - 11(a)是线圈 RL 与电容器 C 并联的电路。当发生并联谐振时，电压 u 与电流 i 同相，相量图如图 1 - 11(b)所示。

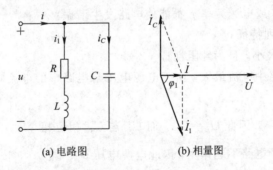

(a) 电路图　　　　　　(b) 相量图

图 1 - 11　RL 与 C 的并联电路

由相量图可得

$$I_1 \sin\varphi_1 = I_C \tag{1-28}$$

由于

$$I_1 = \frac{U}{\sqrt{R^2 + X_L^2}} = \frac{U}{\sqrt{R^2 + (2\pi fL)^2}}$$

$$\sin\varphi_1 = \frac{X_L}{\sqrt{R^2 + X_L^2}} = \frac{2\pi fL}{\sqrt{R^2 + (2\pi fL)^2}}$$

$$I_C = \frac{U}{X_C} = 2\pi fCU \tag{1-29}$$

可得出谐振频率

$$f = f_0 = \frac{1}{2\pi}\sqrt{\frac{1}{LC} - \frac{R^2}{L^2}} \approx \frac{1}{2\pi\sqrt{LC}} \tag{1-30}$$

通常线圈的电阻 R 很小，所以一般在谐振时，$2\pi f_0 L \gg R$，通过计算也可以得出式(1-30)中谐振频率的近似式。

并联谐振具有下列特征：

(1) 谐振时，阻抗为最大值，且为纯阻性。

(2) 谐振时，总电流最小，且与端电压同向。

(3) 谐振时，电感支路与电容支路的电流大小近似相等，为总电流的 Q 倍。Q 值一般为几十到几百，所以支路电流比总电流大很多，并联谐振又称为电流谐振。

并联谐振在电工电子技术中也常常应用。例如，可利用并联谐振时阻抗模高的特点来选择信号或消除干扰。

任务实施 **日光灯照明电路的设计**

1. 设计要求

(1) 了解日光灯电路的工作原理及其电路连接。

(2) 以日光灯电路作为感性负载，要求电路的功率因数由 0.2 提高到 0.8 左右，计算相应的元件参数。

(3) 了解交流电路提高功率因数的常用方法及电容量的选择。

2. 单元电路的原理说明

日光灯电路由灯管、镇流器、启辉器及电容器等部件组成，如图 1-12 所示。

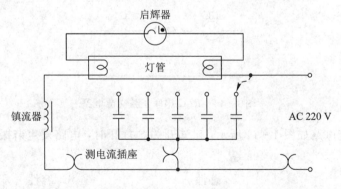

图 1-12 日光灯组成图

3. 整机电路安装调试

(1) 用万用表检测日光灯灯管和镇流器。用万用表电阻挡测试灯管两端的两极，若导通说明灯丝没有损坏；用电阻挡测试镇流器，若通则表示镇流器好，若不通则表明镇流器烧坏了。

(2) 按图 1-12 连接电路，缓慢增加单相调压器的输出电压，直至日光灯发亮，测试相关数据。

（3）断开电路，加入并联电容，再接通电路。观察随着不同并联电容的接入，总电流的变化情况，并由此判断电路的性质，计算功率。

思考与练习题

一、选择题

1. RLC 并联电路在 f_0 时发生谐振，当频率增加到 $2f_0$ 时，电路将呈现出（　　）。

A. 电阻性　　　　　　B. 电感性　　　　　　C. 电容性

2. 处于谐振状态的 RLC 串联电路，当电源频率升高时，电路将呈现出（　　）。

A. 电阻性　　　　　　B. 电感性　　　　　　C. 电容性

3. 下列说法中，（　　）是正确的。

A. 串联谐振时阻抗最小　　B. 并联谐振时阻抗最小　　C. 电路谐振时阻抗最小

4. 发生串联谐振的电路条件是（　　）。

A. $\dfrac{\omega_0 L}{R}$　　　　B. $f_0=\dfrac{1}{\sqrt{LC}}$　　　　C. $\omega_0=\dfrac{1}{\sqrt{LC}}$

5. RLC 串联正弦交流电路如图 1-13 所示，已知 $X_L=X_C=20\ \Omega$，$R=20\ \Omega$，总电压有效值为 220 V，电感上的电压为（　　）V。

A. 0　　　　　　B. 220　　　　　　C. 73.3

6. 正弦交流电路如图 1-13 所示，已知电源电压为 220 V，频率 $f=50$ Hz 时，电路发生谐振。现将电源的频率增加，电压有效值不变，这时灯泡的亮度（　　）。

A. 比原来亮　　　　　　B. 比原来暗　　　　　　C. 和原来一样亮

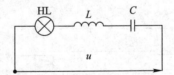

图 1-13　RLC 串联正弦交流电路

7. 正弦交流电路如图 1-14 所示，已知开关 S 打开时，电路发生谐振。当把开关合上时，电路呈现（　　）。

A. 阻性　　　　　　B. 感性　　　　　　C. 容性

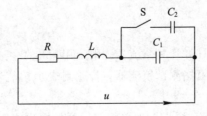

图 1-14　正弦交流电路

二、解答题

1. 在 RLC 串联电路中，已知 $L=100$ mH，$R=3.4$ Ω，电路在输入信号频率为 400 Hz 时发生谐振，求电容 C 的电容量和回路的品质因数。

2. 一个串联谐振电路的特性阻抗为 100 Ω，品质因数为 100，谐振时的角频率为 1000 rad/s，试求 R、L 和 C 的值。

3. 一个线圈与电容串联后加 1 V 的正弦交流电压，当电容为 100 pF 时，电容两端的电压为 100 V 且最大，此时信号源的频率为 100 kHz，求线圈的品质因数和电感量。

4. 已知一串联谐振电路的参数为 $R=10$ Ω，$L=0.13$ mH，$C=558$ pF，外加电压 $U=5$ mV。试求电路在谐振时的电流、品质因数及电感和电容上的电压。

5. 已知串联谐振电路的线圈参数为 $R=1$ Ω，$L=2$ mH，将角频率 $\omega=2500$ rad/s 的 10 V 电压源接到该串联谐振电路两端，求电容 C 为何值时电路发生谐振，求发生谐振时的谐振电流 I_0、电容两端电压 U_C、线圈两端电压 U_{RL} 及品质因数 Q。

项目 2　常用模拟电路的设计

$$项\ 目\ 概\ 述$$

通过本项目的学习，要求掌握二极管的特性、二极管构成的典型电路的设计方法、特殊二极管构成的应用电路的设计方法；要求掌握三极管的放大原理、三极管构成的基本放大电路和分压式共发射极放大电路的设计方法、场效应管构成的共源放大电路的设计方法等。

任务 2.1　半导体二极管电路的设计

任务目标

学习目标：掌握二极管的伏安特性；掌握二极管的检波作用、整流作用、限幅作用、开关作用；掌握二极管应用电路的设计。

能力目标：掌握二极管构成的典型电路的设计方法；掌握特殊二极管构成的应用电路的设计方法。

任务分析

二极管是最常用的、使用范围最广泛的电子元器件之一，通过本项目的学习，可以系统了解二极管在电子电路中的使用方法，了解二极管构成的典型电路。

知识链接

2.1.1　二极管的分类

按所使用的材料不同，二极管可分为硅二极管、锗二极管和砷化镓二极管等。按其内部结构的不同，二极管可分为点接触型二极管、面接触型二极管和平面型二极管三类。按照应用的不同，二极管可分为整流二极管、检波二极管、开关二极管、稳压二极管、发光二极管、光电二极管、快恢复二极管和变容二极管等。

2.1.2　二极管的伏安特性及主要参数

1. 二极管的伏安特性

二极管两端的电压 U 及其流过二极管的电流 I 之间的关系曲线，称为二极管的伏安特性曲线，如图 2-1 所示。

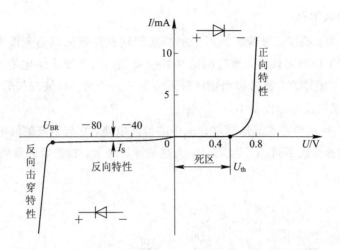

图 2-1　二极管的伏安特性曲线

1）正向特性

二极管外加正向电压时，电流和电压的关系称为二极管的正向特性。如图 2-1 所示，当二极管所加正向电压比较小（$0 < U < U_{th}$）时，二极管上流经的电流为 0，此区域称为死区，此时所加电压称为死区电压（门槛电压）。硅二极管的死区电压约为 0.5 V，锗二极管的死区电压约为 0.1 V。

2）反向特性

二极管外加反向电压时，电流和电压的关系称为二极管的反向特性。如图 2-1 所示，二极管外加反向电压时，反向电流很小（$I \approx -I_S$），而且在相当宽的反向电压范围内，反向电流几乎不变，此电流值称为二极管的反向饱和电流。

3）反向击穿特性

由图 2-1 知，当反向电压的值增大到 U_{BR} 时，反向电压值稍有增大，反向电流会急剧增大，此现象称为反向击穿，U_{BR} 称为反向击穿电压。利用二极管的反向击穿特性，可以做成稳压二极管，但一般的二极管不允许工作在反向击穿区。

2. 二极管的主要参数

（1）最大整流电流 I_F：指二极管长期连续工作时，允许通过二极管的最大正向电流的平均值。

（2）反向击穿电压 U_{BR}：指二极管击穿时的电压值。

（3）反向饱和电流 I_S：指二极管没有击穿时的反向电流值。其值愈小，说明二极管的单向导电性愈好。

任务实施　**二极管构成的典型电路的设计方法**

普通二极管的应用范围很广，可用于整流、稳压、开关、限幅、检波等电路。大多是利用其正偏导通、反偏截止的特点。

1. 二极管检波电路

检波也叫解调。检波二极管的作用是把原来调制在高频无线电电波中的信号取出来。由于检波二极管工作频率较高，通过的信号幅度很弱，因此要求结电容小，频率特性好，正向压降小，检波效率高，通常多用锗材料点接触式二极管。检波二极管广泛应用于收音机、电视机、收录机及通信设备中。

图 2-2 是一种超外差式晶体管收音机中的检波电路，它与半波整流电路相似，只是检波器后面的滤波器参数不同，C_1、C_2、R_1 为高频滤波环节，检波后的低频信号又送至低频功率放大电路。

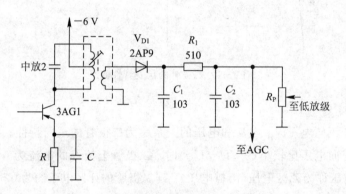

图 2-2　超外差式晶体管收音机的检波电路

2. 二极管整流电路

二极管的整流电路一般都接在电源变压器的次级输出端或者 220 V 的交流市电上。整流二极管的作用是将交流电变成直流电。图 2-3 是一个典型的应用二极管整流电路构成的稳压电源电路，电源变压器先把 220 V 的交流市电降低到 9 V 左右，用四只二极管 $V_{D1} \sim V_{D4}$ 整流变成脉动的直流电，再经过电容 C_1 滤波，得到比较平滑的直流电压。

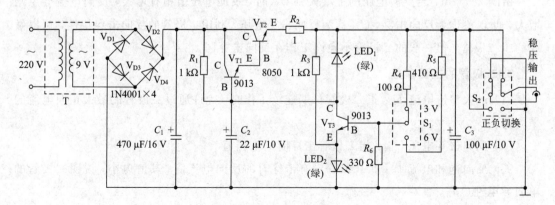

图 2-3　利用二极管整流原理构成的稳压电源电路

3. 二极管限幅电路

利用二极管的单向导电性，将输入电压限定在要求的范围之内，叫作限幅。限幅的电路和输入/输出波形如图 2-4 所示。

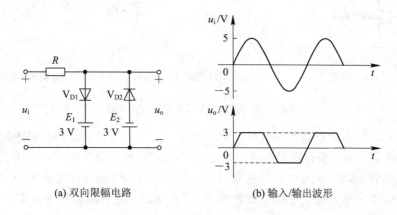

(a) 双向限幅电路　　　　　　　　　　　　(b) 输入/输出波形

图 2-4　二极管的限幅电路及输入/输出波形

4. 二极管的开关应用电路

在数字电路中经常将半导体二极管作为开关元件来使用，因为二极管具有单向导电性，相当于一个受外加偏置电压控制的无触点开关。图 2-5 为监测发电机组工作的某种仪表的部分电路。当控制信号 $U_i=10$ V 时，V_D 的负极电位被抬高，二极管截止，相当于开关断开，U_s 不能通过 V_D；当 $U_i=0$ V 时，V_D 正偏导通，U_s 可以通过 V_D 加入记忆电路，此时二极管相当于开关闭合。这样，二极管 V_D 就在信号 U_i 的控制下，实现了接通或关断 U_s 信号的作用。

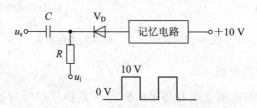

图 2-5　二极管的开关应用电路

5. 发光二极管的应用电路

发光二极管(Light Emitting Diode，LED)是一种将电能转换成光能的半导体器件。它在正向导通时会发光，导通电流增大时，发光亮度增强。

图 2-6 (a)(b)所示电路均采用发光二极管来显示输出电平的高低。其中，图(a)为晶体管控制电路，在晶体管输出为低电平时，发光二极管亮；图(b)为逻辑门驱动电路，当其输出为高电平时，发光二极管亮。图 2-6(c)为熔断器指示器电路，当电源输出正常时，电流通过 R_1、LED_1 发光，它不仅表明负荷在正常工作，而且表明电源极性正常。此时，LED_2 被熔丝熔断后，电流通过 R_2 使 LED_2 发光，指示熔断器出现故障。

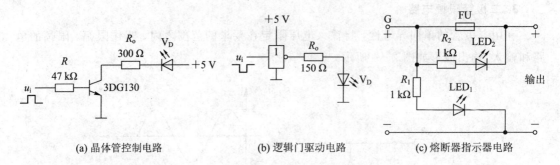

(a) 晶体管控制电路　　(b) 逻辑门驱动电路　　(c) 熔断器指示器电路

图 2-6　常见发光二极管的应用电路

图 2-7(a)(b)所示电路是由红外发光二极管 V_{D1}、V_{D2} 分别构成的红外发射器、接收器电路，光脉冲信号的频率和脉宽由输入信号 u_i 决定。红外发光二极管一般是配对使用的，如与红外发射管 SE303 配对的红外接收管是 PH302。发射管的导通电流为 30~50 mA，发射功率为 1~2.5 mW；接收管的导通电流为 5~10 mA，发射距离和接收距离一般为 5 m 左右。

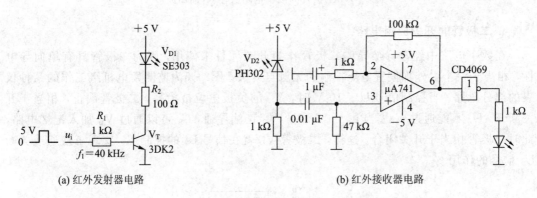

(a) 红外发射器电路　　(b) 红外接收器电路

图 2-7　红外发光二极管的应用电路

6. 稳压二极管的应用电路

常见的稳压二极管的应用电路有很多，图 2-8 是稳压二极管的应用电路。

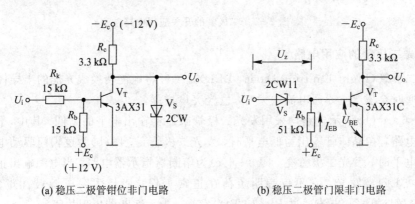

(a) 稳压二极管钳位非门电路　　(b) 稳压二极管门限非门电路

图 2-8　稳压二极管的应用电路

7. 硅电压开关二极管

硅电压开关二极管是一种较为新颖的半导体器件，它有单向和双向两种。可应用于脉冲发生器、过压保护器、触发器以及高压输出、岩石、逆变、电子开关等电路中。

图 2-9 中电容 C 和单向管 V_{D2} 形成的负阻振荡，经升压变压器升高后输出高压，选用不同的脉冲变压器初、次级匝数比，可以获得几百到几万伏的电压。

8. 变容二极管的应用电路

图 2-10 为调谐变容二极管的应用电路。图中 V_D 为调谐变容二极管，L 为谐振线圈，U 为调谐电压，C 为调整电容，C_1 为隔直电容。通过调谐电压的变化来改变变容二极管的结电容，从而达到改变频率实现调谐的目的。

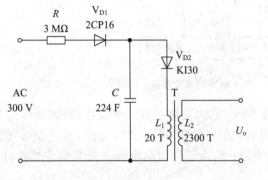
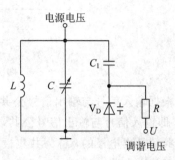

图 2-9　高压发生器电路　　　　　图 2-10　调谐变容二极管的应用电路

任务 2.2　双极性三极管放大电路的设计

学习目标：掌握双极性三极管构成的放大电路的性能指标；掌握双极性三极管构成的共射极放大电路的特点。

能力目标：掌握双极性三极管放大电路的设计方法。

放大电路是利用半导体三极管的电流控制作用把微弱的电信号增强到所要求的数值，例如，常见的扩音机就是把一个微弱的声音信号变大的放大电路。声音先经过话筒变成微弱的电信号，经过放大器，利用半导体三极管的控制作用，把电源供给的能量转化为较强的电信号，然后经过扬声器（喇叭）还原成为放大了的声音。

虽然现在已经有很多集成化放大器，但是由半导体三极管和一些电阻、电容等分立元件组成的信号放大电路仍广泛应用于各类电子产品中。

2.2.1　分立元件放大电路的基本组成

一个分立元件放大电路必须有输入信号源、半导体器件、输出负载、直流电源和相应的偏置电路。其中，输入信号源通常是将非电量变换为电量的换能器，它们可用图 2-11所示的等效电路表示，U_s 为信号源电动势，R_s 为信号源的等效内阻。

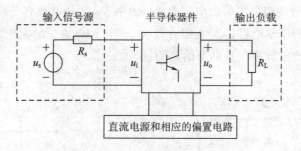

图 2-11　放大电路的基本组成

根据输入信号与输出信号公共端的不同，放大电路共有三种基本接法（也称为基本组态），即输入信号与输出信号公共端是发射极的，称为共射极放大电路；输入信号与输出信号公共端是集电极的，称为共集极放大电路；输入信号与输出信号公共端是基极的，称为共基极放大电路。

共射极放大电路具有较大的电压放大倍数和电流放大倍数，输入和输出的电阻值比较适中，但工作点不稳定，所以常用于对输入/输出电阻和频率响应要求不高的低频放大电路中。

共集极放大电路由于输出信号从发射极输出，因此称为射极输出器；又由于它的放大倍数小于1但接近1，输入与输出同相位，于是也称为射极跟随器。共集极放大电路具有输入电阻很高、输出电阻很低的优点，所以多用于多级放大电路的输入级、输出级或作为缓冲用的中间级。

共基极放大电路输入电阻很小，电压放大倍数较高，主要用高频电压放大。另外，由于输出电阻高，还可以作为恒流源。

2.2.2　放大电路的性能指标

放大电路就是放大器，其性能指标是衡量放大器质量好坏的物理量。对于晶体管放大电路而言，其主要性能指标有放大倍数、输入电阻、输出电阻、非线性失真以及通频带等。

1. 放大倍数（增益）

放大器输出与输入的比值为放大倍数，单位"倍"，如 10 倍放大器，100 倍放大器。当改用"分贝"做单位时，放大倍数就称之为增益，这是一个概念的两种称呼。放大倍数有电压（电流）放大倍数与功率放大倍数，它们的定义是不同的。

（1）电压（电流）放大倍数的分贝数定义为 $K = 20\lg(u_o/u_i)$，其中 K 为放大倍数的分贝数，u_o 为放大信号输出，u_i 为信号输入。

（2）功率放大倍数的分贝数定义为 $K = 10\lg(P_o/P_i)$，其中 K 为放大倍数的分贝数，

P_o 为放大信号输出，P_i 为信号输入。

2. 输入电阻 R_i

输入电阻是表明放大电路从信号源吸取电流大小的参数，R_i 大，则放大电路从信号源吸取的电流小，反之则大。

3. 输出电阻 R_o

输出电阻是表明放大电路带负载的能力，R_o 大，则表明放大电路带负载的能力差，反之则强。

4. 非线性失真

由于晶体管输入、输出特性在动态范围内不可能保持完全的线性，输出波形不可避免地发生或多或少的线性失真。当对应于某一频率的正弦电压输入时，输出波形中除基波成分外，还将含有一定数量的谐波。所有的谐波总量与基波成分之比，定义为非线性失真系数，符号为 D，即

$$D = \frac{\sqrt{U_2^2 + U_3^2 + \cdots}}{U_1} \tag{2-1}$$

式中，U_1，U_2，U_3，…分别表示输出信号中基波、二次谐波、三次谐波……的幅值。

5. 通频带

由于放大器电路中有电容元件，晶体管极间也存在电容，有的放大电路还有电感元件，电容和电感对不同频率的交流电有不同的阻抗，所以放大器对不同频率的交流信号有着不同的放大倍数。一般来说，频率太高或太低时放大倍数都要下降，只有在某一频率段，放大倍数才较高且基本保持不变，假设此时的放大倍数为 A_{um}，当放大倍数下降为 $A_{um}/\sqrt{2}$ 时，所对应的频率分别称为上限频率 f_H 和下限频率 f_L。上、下限频率之间的频率范围称为放大器的通频带，用符号 BW 表示，如图 2-12 所示。

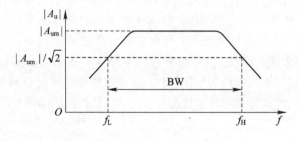

图 2-12 放大器的通频带

2.2.3 放大电路的组成原则

判断一个电子电路是否具有放大作用，主要依据以下几条原则。

1. 电源的设置

电源的设置应使半导体三极管的发射结正向偏置，集电结反向偏置，保证半导体三极管工作在放大状态。放大时，硅管 $U_{BE} = 0.7$ V，锗管 $U_{BE} = 0.3$ V，$U_{CE} > 1$ V。若硅管 $U_{CE} \approx 0.3$ V，锗管 $U_{CE} \approx 0.1$ V 时，三极管处于饱和状态。

2. 元件的安排

元件的安排要保证信号的传输，即信号能够从放大电路的输入端加到半导体三极管上（有信号输入回路），经过放大后又能从输出端输出（有信号输出回路）。

3. 元件参数的选择

元件参数的选择要保证信号能不失真地放大，并满足放大电路性能指标的要求。

2.2.4 半导体三极管的选用方法

半导体三极管的选用依据其主要参数，选用时，应尽量满足以下条件。

1. 特征频率

特征频率 f_T 要高，一般 f_T 要比工作频率高 3 倍以上。

2. β 值

β 值不能过大，其取值范围一般在 $30\sim80$。β 值过高，容易引起自激振荡。

3. 集电极反向电流

集电极反向电流要小，一般应小于 $10\ \mu A$。

4. 集电结电容 C_c

在音响电路中，半导体三极管的集电结电容 C_c 要小，以提高频率高端的灵敏度。

5. 高频噪声系数 N_F

在音响设备的变频电路中，半导体三极管的高频噪声系数 N_F 应尽可能小，以提高音响设备的相对灵敏度。

2.2.5 半导体三极管的输入/输出特性

半导体三极管的性能可以用三个电极之间的电压和电流的关系来反映，通常称为伏安特性。半导体三极管虽然只有三个电极，但是在使用时总是有一个电极作为输入和输出回路的公共端，一个端口网络有四个变量，可有多种曲线表示它们之间的关系，常用两组曲线族来表示半导体三极管的特性。其中最常用的半导体三极管的伏安特性是共射极伏安特性。共射极伏安特性包括输入特性和输出特性。最常用的是共发射极接法的输入特性曲线和输出特性曲线，实验测绘是得到特性曲线的方法之一。特性曲线的测量电路如图 2-13 所示。

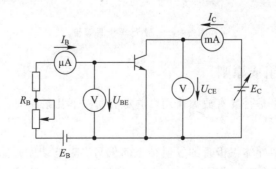

图 2-13 特性曲线的测量电路

1. 共射极输入特性

反映晶体管输入回路基极–发射极间电压 U_{BE} 与基极电流 I_B 之间的伏安特性称为共射极输入特性。由于这一关系也受输出回路电压 U_{CE} 的影响，所以其定义为

$$I_B = f(U_{BE})|_{U_{CE}=常数}$$

共射极输入特性常用一簇曲线来表示，称为共射极输入特性曲线，如图 2-14 所示。

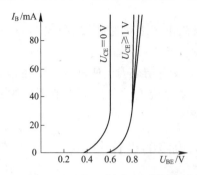

图 2-14　共射极输入特性曲线

由图 2-14 中的曲线可知，晶体管的输入特性曲线也有死区。硅管的死区电压大约为 0.5 V，锗管的死区电压大约为 0.1 V。

在相同的 U_{BE} 下，U_{CE} 从 0 增大时，I_B 减小。这是因为 $U_{CE}=0$ 时，CE 短路，三极管相当于两个二极管并联，此时加正向电压，其伏安特性与二极管的正向伏安特性相似，I_E 与 I_C 均正向偏置，I_B 为两个正向偏置 PN 结的电流之和；当 U_{CE} 增大时，I_C 从正向偏置逐渐往反向偏置过渡，有越来越多扩散到基区的电子被拉入集电区，使 I_B 减小。

当 U_{CE} 继续增大，使 I_C 反向偏置后，受 U_{CE} 的影响减小，不同 U_{CE} 值的输入特性曲线几乎重合在一起，这是由于基区很薄，在 I_C 反向偏置时，绝大多数少数载流子几乎都可以漂移到集电区，形成 I_C，所以当 U_{CE} 继续增大时，对输入特性曲线几乎不产生影响。

2. 共射极输出特性

以 I_B 为参变量的 I_C 与 U_{CE} 之间的关系称为共射极输出特性，其定义为

$$I_C = f(U_{CE})|_{I_B=常数}$$

其共射极输出特性曲线如图 2-15 所示。

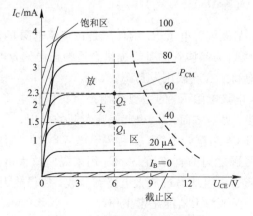

图 2-15　共射极输出特性曲线

由图 2-15 可知，晶体管的输出特性曲线将晶体管分为饱和区、截止区和放大区三个工作区。

（1）饱和区：指输出特性曲线几乎垂直上升部分与纵轴之间的区域。在此区域内，不同 i_b 值的输出特性曲线几乎重合，I_C 不受 I_B 的控制，只随 U_{CE} 增大而增大。

（2）截止区：指 $I_B=0$ 的输出特性曲线与横轴之间的区域。在此区域内，I_C 几乎为零，三极管没有放大能力。

（3）放大区：指饱和区与截止区之间的区域。在此区域内，三极管处于工作与放大状态，同时，I_C 还受 U_{CE} 的影响。当 I_B 的值一定时，随着 U_{CE} 增大，I_C 略有增加。这是因为 U_{CE} 越大，反向偏置电压越大，集电结越宽，使基区变得更薄，发射区多子扩散到基区后，与基区多子复合的机会少，若要保持 I_B 不变，就会有更多的多子从发射区扩散到基区，I_C 将增加，这种情况称为基区调宽效应。

任务实施 **基极共射放大电路的设计**

1. 基本共射放大电路的组成及各元件的作用

基本共射放大电路的原理图如图 2-16 所示。

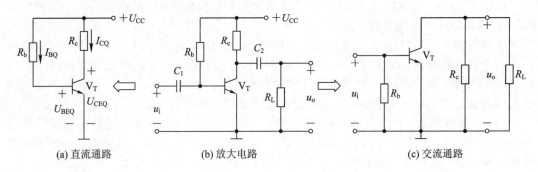

(a) 直流通路　　　　(b) 放大电路　　　　(c) 交流通路

图 2-16　基本共射放大电路的原理图

各元件的作用如下：

（1）晶体管。晶体管 V_T 采用 NPN 型管，具有电流放大作用，是放大电路的核心元件。

（2）集电极直流电源。集电极直流电源 U_{CC} 的作用是使集电极反向偏置，并为放大电路提供直流能量。

（3）基极偏置电阻。基极偏置电阻 R_b 的作用是在直流电源 U_{CC} 和晶体管 U_{BE} 数值确定时，通过调整 R_b 的值，可以为晶体管的基极提供合适的正向偏置电流，使电路具有合适的工作点，防止电路产生饱和失真或截止失真。

（4）集电极电阻。集电极电阻 R_c 的主要作用是将集电极电流的变化转化为电压的变化，以实现电压放大功能。另一方面，R_c 也起直流负载的作用。

（5）耦合电容。C_1 和 C_2 为耦合电容，又称隔直电容，它们的作用是隔直流通交流。C_1 用来隔断放大电路与信号源之间的直流通路，C_2 用来隔断放大电路与负载之间的直流通路，同时保证交流信号畅通无阻地通过放大电路到负载，使得放大器的静态工作点不因接入信号和负载而受影响，保证放大器能正常工作。

（6）外接负载电阻。R_L 为放大电路的外接负载电阻，如扬声器、耳机等。外接负载的作用是用来承载功率，也可以增大电压放大倍数。

2. 基本共射放大电路的静态分析

在放大电路中，当有信号输入时，交流量与直流量共存。当放大电路没有输入信号时，电路中各处的电压、电流都是不变的直流，称为直流工作状态或静止状态，简称静态。将输入信号置为零，即直流电源单独作用时，晶体管的基极电流 I_B、集电极电流 I_C、基极与发射极间电压 U_{BE}、集电极与发射极间电压 U_{CE} 这四个参数在晶体管的输入、输出特性曲线上对应一个点，该点称为放大电路的静态工作点 Q，常将这四个物理量记作 I_{BQ}、I_{CQ}、U_{BEQ}、U_{CEQ}。静态工作点的计算可采用近似估算法和图解法，本书主要介绍近似估算法。

求静态工作点一般分为以下两个步骤。

（1）画出放大电路的直流通路。

画直流通路时，将电容看成开路，电感看成短路，其他元件保留，如图 2-17 所示。

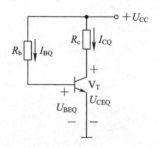

图 2-17　基本共射放大电路的直流通路

（2）由直流通路可得出静态工作点的表达式为

$$I_{BQ}=\frac{U_{CC}-U_{BEQ}}{R_b}\approx\frac{U_{CC}}{R_b}\quad（一般\ U_{CC}\gg U_{BEQ}）\tag{2-2}$$

$$I_{CQ}=\beta I_{BQ}\tag{2-3}$$

$$U_{CEQ}=U_{CC}-I_{CQ}R_c\tag{2-4}$$

硅管的 U_{BEQ} 约为 0.7 V，锗管的 U_{BEQ} 约为 0.2 V。根据式(2-2)～式(2-4)就可估算出放大电路的静态参数 I_{BQ}、I_{CQ}、U_{CEQ}。

3. 基本共射放大电路的动态分析

根据将电容和电压源看成是短路、电感和电流源看成是开路的原则，可画出共射放大电路的交流通路，如图 2-18 所示。

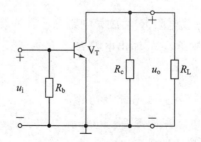

图 2-18　基本共射放大电路的交流通路

分析放大电路的动态工作情况可按以下两个步骤进行。

(1) 画微变等效电路。

在放大电路的交流通路中，用晶体管的微变等效电路取代晶体管，就可得到放大电路的微变等效电路，如图 2-19 所示。

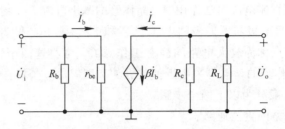

图 2-19　基本共射放大电路的简化微变等效电路

(2) 利用微变等效电路求放大电路的动态指标。

① 求电压增益 $\dot{A}_u$。根据

$$\dot{U}_i = \dot{I}_b \cdot r_{be} \tag{2-5}$$

$$\dot{U}_o = -\dot{I}_c \cdot (R_c /\!/ R_L) \tag{2-6}$$

$$\dot{I}_c = \beta \cdot \dot{I}_b \tag{2-7}$$

则电压增益为

$$\dot{A}_u = \frac{\dot{U}_o}{\dot{U}_i} = \frac{-\dot{I}_c \cdot (R_c /\!/ R_L)}{\dot{I}_b \cdot r_{be}} = \frac{-\beta \cdot \dot{I}_b \cdot (R_c /\!/ R_L)}{\dot{I}_b \cdot r_{be}} = -\frac{\beta \cdot (R_c /\!/ R_L)}{r_{be}} \tag{2-8}$$

其中，三极管的发射结可等效为一个电阻 r_{be}，称为三极管的输入电阻，它的值在选定了合适的工作点后，可以用以下经验公式估算：

$$r_{be} = 200\ \Omega + (1+\beta)\frac{26(\mathrm{mV})}{I_{EQ}(\mathrm{mA})} \approx 200\ \Omega + \beta\frac{26(\mathrm{mV})}{I_{CQ}(\mathrm{mA})} \tag{2-9}$$

② 输入电阻 R_i。输入电阻是从放大电路输入端看进去的等效电阻，等于输入电压的有效值与输入电流的有效值之比，即

$$R_i = \frac{\dot{U}_i}{\dot{I}_i} = R_b /\!/ r_{be}$$

③ 输出电阻 R_o。对于负载电阻 R_L，放大电路总可以等效成一个有内阻的电压源，其内阻就是放大电路的输出电阻 R_o，故输出电阻 $R_o = R_c$。

4. 分压式共射放大电路设计

1) 分压式共射放大电路的组成及各元件的作用

分压式共射放大电路的电路图如图 2-20 所示。

图 2-20(b) 中的电路是最普遍采用的分压式共射放大电路，分压式偏置电路的特点是利用 R_{b1}、R_{b2} 分压，固定基极电位：

$$U_B = \frac{R_{b2}}{R_{b1}+R_{b2}} U_{CC}$$

U_B 与晶体三极管的参数无关。流过偏置电路的电流远大于晶体三极管的基极电流；由于在发射极接入了电阻，加上负反馈，所以尽管 β 有一些不一致，但是偏置电流是一致的。由于这些优点，分压式共射放大电路被广泛使用。

图 2-20(b) 中，R_{b1}、R_{b2} 为基极偏置分压电阻；C_1、C_2 为耦合电容，它们的作用是隔直流通交流；C_e 为射极旁路电容，也有隔直流通交流的作用；R_L 为负载电阻；R_e 为射极偏置电阻，具有直流电流负反馈作用，用于稳定静态工作点。

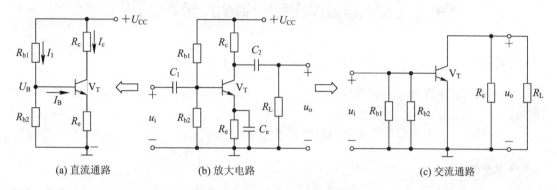

(a) 直流通路　　　　　　(b) 放大电路　　　　　　　　(c) 交流通路

图 2-20　分压式共射放大电路

2）分压式共射放大电路的设计

在设计放大电路前，应先明确三点：① 要设计的放大电路的负载 R_L 为多少；② 在已知输入信号的前提下，需要把输入信号不失真地放大到多少，期间信号被放大了多少倍；③ 工作频率范围是多少。明确了这三点以后，就可以设计放大电路了。

分压式共射放大电路在满足 $I_1 \gg I_{BQ}$ 的条件下，才能保证 U_{BQ} 恒定，这是工作点稳定的必要条件。一般情况下，取

$$\begin{cases} I_1 = (5\sim 10)I_{BQ} \\ U_{BQ} = 3\sim 5 \text{ V} \end{cases} \quad （硅管） \tag{2-10}$$

$$\begin{cases} I_1 = (10\sim 20)I_{BQ} \\ U_{BQ} = 1\sim 3 \text{ V} \end{cases} \quad （锗管） \tag{2-11}$$

对于小信号放大器，一般取 $I_{CQ} = 0.5\sim 2$ mA，电路的静态工作点由下列关系式确定。
射极偏置电阻为

$$R_e \approx \frac{U_{BQ}-U_{BE}}{I_{CQ}} \approx \frac{U_{EQ}}{I_{EQ}} \tag{2-12}$$

基极偏置分压电阻为

$$\begin{cases} R_{b2} = \frac{U_{BQ}}{I_1} = \frac{U_{BQ}}{(5\sim 10)I_{CQ}}\beta \\ R_{b1} \approx \frac{U_{CC}-U_{BQ}}{I_1} \approx \frac{U_{CC}-U_{BQ}}{U_{BQ}}R_{b2} \end{cases} \tag{2-13}$$

射极旁路电容为

$$C_e \geqslant (1\sim3) \frac{1}{2\pi f_{项}\left(\dfrac{R_s+r_{be}}{1+\beta} // R_e\right)} \qquad (2-14)$$

耦合电容为

$$\begin{cases} C_1 \geqslant (5\sim10)\dfrac{1}{2\pi f_L(R_s+r_{be})} \\ C_2 \geqslant (5\sim10)\dfrac{1}{2\pi f_L(R_c+R_L)} \end{cases} \qquad (2-15)$$

任务 2.3　场效应管共源放大电路的设计

任务目标

学习目标：掌握场效应管构成的放大电路的性能指标；场效应管构成的共源放大电路的特点。

能力目标：掌握场效应管放大电路的设计方法。

任务分析

场效应管构成的放大电路是利用场效应管的电压控制作用把微弱的电信号增强到所要求的数值，本任务是利用场效应管搭建共源极放大电路。

知识链接

2.3.1　场效应管的特点

场效应晶体管的偏置电路设计和晶体三极管一样，在电路应用中，必须由偏置电路提供合适的静态工作点，并保证静态工作点稳定。偏置电路形式很多，常用的有自给栅偏压和分压偏置两种方式，电路如图 2-21 所示。场效应晶体管偏置电路主要有两个特点：① 只要偏压，不要偏流，这与晶体三极管不同；② 不同类型的场效应晶体管对偏置电源极性有不同的要求。表 2.1 为不同类型场效应晶体管的偏置电源极性。

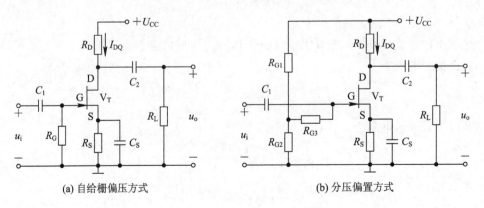

(a) 自给栅偏压方式　　　　　　　　(b) 分压偏置方式

图 2-21　场效应晶体管的偏置电路

表 2.1　不同类型场效应晶体管的偏置电源极性

场效应晶体管类型	U_{DS}	U_{GS}
N 沟道结型场效应管	正	负
P 沟道结型场效应管	负	正
N 沟道增强型 MOS 场效应管晶体管	正	正
N 沟道耗尽型 MOS 场效应管晶体管	正	负、零、正
P 沟道增强型 MOS 场效应管晶体管	负	负
P 沟道耗尽型 MOS 场效应管晶体管	负	负、零、正

2.3.2　场效应管共源放大电路的组成及各元件的作用

图 2-21(a)所示的自给栅偏置电路中，由于栅极电流为零，故 R_G 上电压为零，栅极电位 $U_{GQ}=0$，漏极电流 I_{DQ} 流过源极电阻 R_S，产生压降。

源极电压为

$$U_{SQ}=I_{DQ}R_S$$

栅源电压为

$$U_{GSQ}=U_{GQ}-U_{SQ}=-I_{DQ}R_S$$

电容 C_s 对电阻 R_s 起旁路作用，称为源极旁路电容。这种偏置电路仅适用于结型或耗尽型 MOS 场效应管。

图 2-21(b)为分压式偏置电路，也称为混合偏置电路，类似于晶体三极管的分压式偏置电路。当 U_{DS} 为正值时，由于栅极电流为零，故电阻 R_{G3} 上无电流。

栅极电位 U_{GQ} 等于 R_{G1} 和 R_{G2} 的分压，即

$$U_{GQ}=\frac{R_{G2}}{R_{G1}+R_{G2}}U_{CC}$$

同时由 R_S 提供正的 $U_{SQ}(U_{SQ}=I_{DQ}\cdot R_S)$ 电压。当 $U_{GQ}>U_{SQ}$，即 $U_{GSQ}>0$ 时，适用于栅源间和漏源间电压极性相同的增强型或耗尽型 MOS 场效应晶体管；当 $U_{GQ}<U_{SQ}$，即 $U_{GSQ}<0$ 时，适用于栅源间和漏源间电压极性相反的结型或耗尽型 MOS 场效应晶体管。

2.3.3　分压式偏置场效应管共源放大电路工作特性分析

1. 静态工作点的估算

由图 2-21(b)可得栅源间的电压为

$$U_{GSQ}=U_{GQ}-U_{SQ}=\frac{R_{G2}}{R_{G1}+R_{G2}}U_{CC}-I_{DQ}R_S \tag{2-16}$$

场效应管的转移特性为

$$I_{DQ}=I_{DSS}\left(1-\frac{U_{GSQ}}{U_{GS(off)}}\right)^2 \tag{2-17}$$

式(2-17)中 $U_{GS(off)}$ 为夹断电压，是指栅源之间耗尽层扩展到沟道夹断时所必需的栅源电压值。I_{DSS} 为饱和漏电流，是指场效应管工作在放大状态时所输出的最大电流，这两个

参数由场效应管的转移特性曲线得出。对式(2-16)和式(2-17)联立求解，即可确定静态工作点。

2. 动态工作情况分析

在分析动态工作情况时，和晶体管一样，可用微变等效电路来分析。

由图 2-22 可得电压增益 A_u 为

$$A_u = \frac{U_o}{U_i} = -g_m R_L \tag{2-18}$$

则

$$R'_L = R_D // R_L$$

输入电阻 R_i 为

$$R_i = R_{G3} + R_{G1} // R_{G2} \tag{2-19}$$

输出电阻 R_o 为

$$R_o = \frac{1}{g_m} // R_s = \frac{R_S}{1 + g_m R_S} \tag{2-20}$$

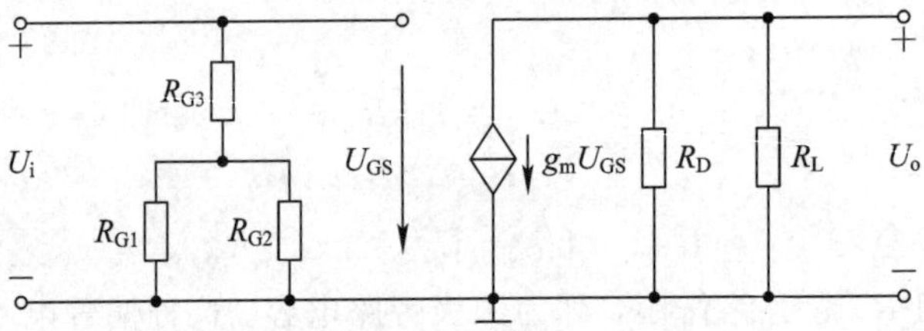

图 2-22　共源放大电路微变等效电路

任务实施　　**场效应管共源放大电路的设计**

场效应晶体管也是半导体器件，但它是电压控制器件，且为单极型导电。可以接成共源极(简称共源)、共栅极(简称共栅)和共漏极(简称共漏)三种电路。共源极电路、共栅极电路和共漏极电路的电压增益、输入电阻、输出电阻的特点与晶体三极管的共射极电路、共基极电路和共集电极电路相同。和晶体管相比，具有输入阻抗高、温度稳定性好、低噪声、易集成、使用灵活等诸多特点，场效应管共源放大电路的设计步骤如下：

(1) 确定放大电路，选择场效应管。

(2) 用图示仪测量场效应管的转移特性曲线，并将特性曲线描绘在方格纸上，在曲线上确定出 I_{DSS} 和 $U_{GS(off)}$ 的值。例如，由图 2-23 所示 3DJ6F 的转移特性曲线可知 $I_{DSS} = 3$ mA，$U_{GS(off)} = -4$ V。

(3) 确定静态工作点 Q。

一般取

$$I_{DQ} = \left(\frac{1}{4} \sim \frac{1}{2} \right) I_{DSS}$$

当 I_{DQ} 确定后，直接从转移特性曲线上求出 U_{GSQ}。由 $U_{SQ} = -U_{GSQ}$，可直接得到 U_{SQ} 的值。在转移特性曲线上做出过 Q 点的切线，读出 ΔI_D 和 ΔU_{GS}。

由 $g_m = \dfrac{\Delta I_D}{\Delta U_{GS}}$ 算出跨导 g_m。

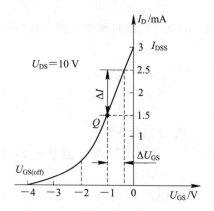

图 2-23　3DJ6F 的转移特性曲线

（4）确定电路中的电阻和电容值。

$$R_S = \frac{U_{SQ}}{I_{DSQ}}$$

由 $A_u = -g_M R_L'$，取 $R_L' \geqslant \dfrac{|A_u|}{g_m}$，又

$$R_L' = R_D /\!/ R_L, \ R_D \geqslant \frac{R_L R_L'}{R_L - R_L'} \tag{2-21}$$

根据输入电阻要求，取 $R_{G3} \geqslant R_i$，电容 C_1、C_2、C_s 分别按以下各式求：

$$C_1 = \frac{10}{2\pi f_L R_i} \tag{2-22}$$

$$C_2 = \frac{10}{2\pi f_L (R_D + R_L)} \tag{2-23}$$

$$C_s = (1 \sim 3) \frac{1 + g_m R_S}{2\pi f_L R_S} \tag{2-24}$$

（5）确定电源电压 U_{CC}。

$$U_{CC} = 1.2 \lfloor I_{DQ}(R_D + R_S) + U_{DSQ} \rfloor \tag{2-25}$$

思考与练习题

一、判断题

1. 在 N 型半导体中如果掺入足够量的三价元素，可将其改型为 P 型半导体。（　　）

2. 因为 N 型半导体的多子是自由电子，所以它带负电。（　　）

3. PN 结在无光照、无外加电压时，结电流为零。（　　）

4. 只有电路既放大电流又放大电压，才称其有放大作用。（　　）

5. 放大电路中输出的电流和电压都是由有源元件提供的。（　　）

6. 电路中各电量的交流成分是交流信号源提供的。（　　）

7. 放大电路必须加上合适的直流电源才能正常工作。（　　）

8. 由于放大的对象是变化量，所以当输入信号为直流信号时，任何放大电路的输出都毫无变化。   （   ）

9. 只要是共射放大电路，输出电压的底部失真都是饱和失真。   （   ）

二、选择题

1. PN 结加正向电压时，空间电荷区将（   ）。

A. 变窄   B. 基本不变   C. 变宽

2. 稳压管的稳压区工作为（   ）。

A. 正向导通   B. 反向截止   C. 反向击穿

3. 在本征半导体中加入（   ）元素可形成 N 型半导体，加入（   ）元素可形成 P 型半导体。

A. 五价   B. 四价   C. 三价

4. 当温度升高时，二极管的反向饱和电流将（   ）。

A. 增大   B. 不变   C. 减小

5. 晶体管能够放大的外部条件是（   ）。

A. 发射结正偏，集电结正偏   B. 发射结反偏，集电结反偏

C. 发射结正偏，集电结反偏

6. 当晶体管工作于饱和状态时，其（   ）。

A. 发射结正偏，集电结正偏   B. 发射结反偏，集电结反偏

C. 发射结正偏，集电结反偏

7. 测得晶体管三个电极的静态电流分别为 0.06 mA，3.66 mA 和 3.6 mA 。则该管的 β 值为（   ）。

A. 40   B. 50   C. 60

8. 温度升高，晶体管的电流放大系数（   ）。

A. 增大   B. 减小   C. 不变

9. 在单级共射放大电路中，若输入电压为正弦波形，则输出电压与输入电压的相位（   ）。

A. 同相   B. 反相   C. 相差 90°

10. 利用微变等效电路可以计算晶体管放大电路的（   ）。

A. 输出功率   B. 静态工作点   C. 交流参数

11. 射极输出器无放大（   ）的能力。

A. 电压   B. 电流   C. 功率

12. 在多级放大电路中，即能放大直流信号，又能放大交流信号的是（   ）多级放大电路。

A. 阻容耦合   B. 变压器耦合   C. 直接耦合

13. 放大电路的两种失真分别为（   ）失真。

A. 线性和非线性   B. 饱和和截止   C. 幅度和相位

14. 对于多级放大电路，其通频带与组成多级放大电路的任何一级单级放大电路相比（   ）。

A. 变宽   B. 变窄   C. 两者一样

三、解答题

1. 能否将 1.5 V 的干电池以正向接法接到二极管两端？为什么？

2. 电路如图 2-24 所示，已知 $u_i = 10\sin\omega t$，试画出 u_i 与 u_o 的波形。二极管正向导通电压可忽略不计。

3. 电路如图 2-25 所示，已知 $u_i = 5\sin\omega t$，二极管导通电压 $U_D = 0.7$ V。试画出 u_i 与 u_O 的波形，并标出幅值。

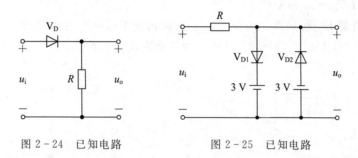

图 2-24 已知电路　　　　图 2-25 已知电路

4. 电路如图 2-26(a) 所示，其输入电压 u_{i1} 和 u_{i2} 的波形如图 2-26(b) 所示，二极管导通电压 $U_D = 0.7$ V，试画出输出电压 u_o 的波形，并标出幅值。

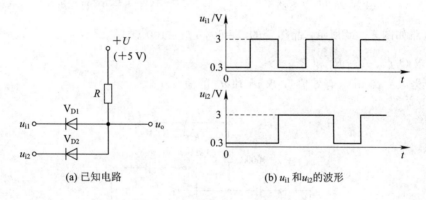

(a) 已知电路　　　　(b) u_{i1} 和 u_{i2} 的波形

图 2-26 已经电路及其输入波形

5. 电路如图 2-27 所示，二极管导通电压 $U_D = 0.7$ V，常温下 $U_T \approx 26$ mV，电容 C 对交流信号可视为短路，u_i 为正弦波，有效值为 10 mV。试问二极管中流过的交流电流有效值为多少？

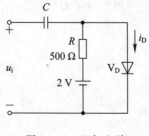

图 2-27 已知电路

6. 现有两只稳压管，它们的稳定电压分别为 6 V 和 8 V，正向导通电压为 0.7 V。试问：

(1) 若将它们串联相接,则可得到几种稳压值? 各为多少?

(2) 若将它们并联相接,则又可得到几种稳压值? 各为多少?

7. 已知稳压管的稳定电压 $U_Z = 6$ V,稳定电流的最小值 $I_{Zmin} = 5$ mA,最大功耗 $P_{Zmax} = 150$ mW。试求图 2-28 所示电路中电阻 R 的取值范围。

8. 已知图 2-29 所示电路中稳压管的稳定电压 $U_Z = 6$ V,最小稳定电流 $I_{Zmin} = 5$ mA,最大稳定电流 $I_{Zmax} = 25$ mA。

(1) 分别计算 U_i 为 10 V、15 V、35 V 三种情况下输出电压 U_o 的值;

(2) 若 $U_i = 35$ V 时负载开路,则会出现什么现象? 为什么?

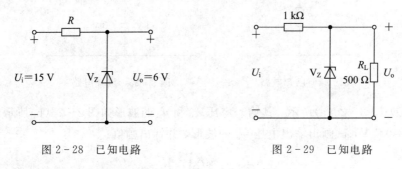

图 2-28 已知电路　　　　图 2-29 已知电路

9. 电路如图 2-30 所示,晶体管的 $\beta = 60$,$r_{bb'} = 100$ Ω。

(1) 求 Q 点、$\dot{A}_u$、R_i 和 R_o;

(2) 设 $u_s = 10$ mV(有效值),求 u_i 和 u_o 的值。

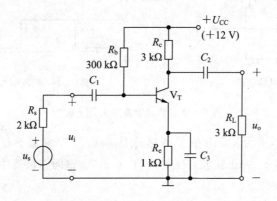

图 2-30 已知电路

项目 3　集成运算放大器构成的运算电路的设计

通过本项目的学习，学生应掌握集成运算放大器的基本知识，掌握使用集成运算放大器构成基本运算电路的设计方法。

任务 3.1　集成运算放大器构成的基本运算电路的设计

任务目标

学习目标：掌握集成运算放大器的基本知识。

能力目标：掌握集成运算放大器构成基本运算电路的设计方法。

任务分析

集成电路是采用半导体制造工艺，把电子元件以及连接导线集中制造在一小块半导体基片上而构成的一个完整电路。按功能划分，集成电路分为模拟集成电路和数字集成电路两大类。模拟集成电路处理的是模拟信号，它的种类繁多，有集成运算放大器、集成电压比较器、集成功率放大器、集成乘法器、集成稳压器、集成锁相环路与频率合成器、集成模/数与数/模转换器等。

集成运算放大器是应用最广泛的一类模拟集成电路。本项目将重点介绍以集成运算放大器为核心的应用电路设计，在掌握了它的一般设计方法后，就比较容易应用其他模拟集成电路进行电路设计了。

知识链接

3.1.1　模拟运算放大器的基本组成

集成运算放大器是一种高电压增益、高输入电阻和低输出电阻的多级直接耦合放大电路。它的类型很多，电路也不一样，但其结构有共同之处，图3-1所示为集成运算放大器的内部电路组成原理框图。它由输入级、中间级、输出级和偏置电路四部分组成。

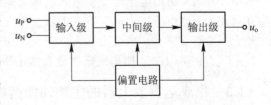

图 3-1　集成运算放大器的内部电路
组成原理框图

1. 输入级

输入级一般是由 BJT、JFET 或 MOSFET 组成的高性能差分放大电路，它必须对共模信号有很强的抑制力，而且采用双端输入双端输出的形式。

2. 中间级

中间级一般为电压放大级，它提供高的电压增益，以保证运算放大器的运算精度。中间级的电路形式多为差分电路和带有源负载的高增益放大器。

3. 输出级

输出级一般由电压跟随器或互补电压跟随器组成，以降低输出电阻，提高带负载能力。

4. 偏置电路

偏置电路提供稳定的几乎不随温度而变化的偏置电流，以稳定工作点。

3.1.2　集成运算放大器的符号和电压传输特性曲线

集成运算放大器的符号和电压传输特性曲线如图 3-2 所示。

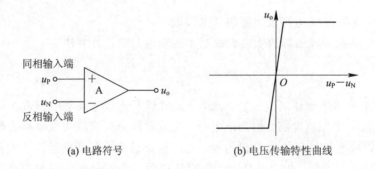

(a) 电路符号　　　　　　　　(b) 电压传输特性曲线

图 3-2　集成运算放大器的电路符号及其电压传输特性曲线

图 3-2(a)为集成运算放大器的电路符号。运算放大器的电路符号中有三个引线端，其中两个为输入端，一个为输出端。两个输入端中，一个称为同相输入端，即该端输入信号变化的极性与输出端相同，用符号"＋"表示；另一个称为反相输入端，即该端输入信号变化的极性与输出端相反，用符号"－"表示。输出端在输入端的另一侧。大多数型号的集成运算放大器均为两组电源供电。

图 3-2(b)为集成运算放大器的电压传输特性曲线。集成运算放大器的电压传输特性是指开环时，输出电压与差模输入电压之间的关系。在线性区 $u_o = A_{od}(u_P - u_N)$。由于 A_{od} 高达几十万倍，所以集成运算放大器工作在线性区时的最大输入电压 $U_P - U_N$ 的数值仅为几十至一百多微伏，当最大输入电压 $u_P - u_N$ 大于此值时，集成运算放大器的输出电压不是 $+U_{om}$ 就是 $-U_{om}$，即集成运算放大器工作在非线性区。

3.1.3　集成运算放大器的主要性能指标

1. 输入失调电压 U_{io}

当输入电压为零时，将输出电压除以电压增益，即折算到输入端的数值称为输入失调电压。输入失调电压是表征运算放大器内部电路对称性的指标。

2. 输入失调电流 I_{io}

在零输入时，差分输入级的差分对管基极的静态电流之差称为输入失调电流，即 $I_{io} = |I_{B1} - I_{B2}|$。输入失调电流用于表征差分级输入电流不对称的程度。

3. 开环差模电压放大倍数 A_{ud}

开环差模电压放大倍数是指集成运算放大器在开环(无反馈)情况下的直流差模电压放大倍数，即开环输出直流电压与差模输入电压之比，用 A_{ud} 表示。集成运算放大器的开环差模电压放大倍数通常很大，经常用 dB 表示。

4. 共模抑制比 K_{CMR}

K_{CMR} 是差模电压放大倍数和共模电压放大倍数之比，常用分贝数来表示。K_{CMR} 越大，对共模干扰抑制能力越强，一般在 80 分贝以上。

5. 转换速率 S_R(压摆率)

转换速率 S_R 反映运算放大器对于快速变化的输入信号的响应能力。转换速率 S_R 的表达式为

$$S_R = \left| \frac{\mathrm{d}u_o}{\mathrm{d}t} \right|_{max}$$

6. 开环带宽 BW

开环带宽又称 -3 dB 带宽，是指运算放大器的差模电压放大倍数 A_{ud} 在高频段下降 3 dB 时对应的频率 f_H。

任务实施　**基本运算电路的设计**

集成运算放大器可以作为一个器件，构成各种基本运算电路。这些基本电路又可以作为单元电路组成多级电子电路。下面介绍几种基本放大电路，如图 3-3 所示。

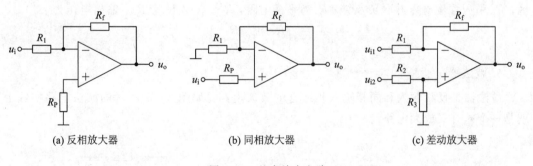

　　(a) 反相放大器　　　　　　　　(b) 同相放大器　　　　　　　　(c) 差动放大器

图 3-3　基本放大电路

1. 反相放大器

图 3-3(a)为反相放大器。反相放大器是最基本的电路，其闭环电压增益为

$$A_{uF} = -\frac{R_f}{R_1} \tag{3-1}$$

输入电阻 $R_i = R_1$，输出电阻 $R_o \approx 0$。

平衡电阻 $R_P = R_1 /\!/ R_f$。其中，反馈电阻 R_f 的值不能太大，否则会产生较大的噪声及漂移，一般为几十千欧至几百千欧；R_1 的取值应远小于信号 u_i 的内阻。若 $R_f = R_1$，则为倒相器，可作为信号的极性转换电路。

2. 同相放大器

图 3-3(b) 为同相放大器。其闭环电压增益为

$$A_{uF} = 1 + \frac{R_f}{R_1} \tag{3-2}$$

输入电阻 $R_i = r_{ic}$。式中，r_{ic} 为运算放大器本身同相端对地的共模输入电阻。输出电阻 $R_o \approx 0$。平衡电阻 $R_P = R_1 /\!/ R_f$。同相放大器具有输入阻抗非常高、输出阻抗低的特点，广泛用于前置放大级。若 $R_f = 0$，$R_1 = \infty$，则为电压跟随器。

3. 差动放大器

图 3-3(c) 为差动放大器。当运算放大器的反相端和同相端分别输入信号 u_{i1} 和 u_{i2} 时，输出电压为

$$u_o = \frac{R_f}{R_1} u_{i1} + \left(1 + \frac{R_f}{R_1}\right)\left(\frac{R_3}{R_2 + R_3}\right) u_{i2} \tag{3-3}$$

当 $R_f = R_3$，$R_2 = R_1$ 时为差动放大器，其差模电压增益为

$$A_{uD} = \frac{u_o}{u_{i2} - u_{i1}} = \frac{R_f}{R_1} = \frac{R_3}{R_2} \tag{3-4}$$

输入电阻 $R_{id} = R_1 + R_2 = 2R_1$。若 $R_f = R_3 = R_2 = R_1$，则为减法器。输出电压 $u_o = u_{i2} - u_{i1}$。由于差动放大器具有双端输入单端输出、共模抑制比较高的特点，因此通常用作传感放大器或测量仪器的前端放大器。

4. 加法器

反相求和电路如图 3-4 所示。图中有两个输入信号 u_{i1}、u_{i2}（实际应用中可以根据需要增减输入信号的数量），分别经电阻 R_2、R_1 加在反相输入端；为使运算放大器工作在线性区，R_f 引入深度电压并联负反馈；R' 为平衡电阻，$R' = R_f /\!/ R_1 /\!/ R_2$。输出电压为

$$u_o = -\left(\frac{R_f}{R_2} u_{i2} + \frac{R_f}{R_1} u_{i1}\right) \tag{3-5}$$

5. 减法器

减法器是反相输入和同相输入相结合的放大电路，如图 3-5 所示的减法电路实际上就是一个差分式放大电路。

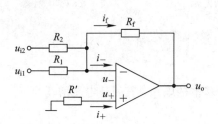

图 3-4　反相求和电路

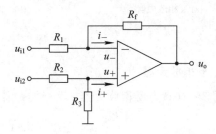

图 3-5　减法电路

输出电压为

$$u_o = u_{o1} + u_{o2} = \left(1 + \frac{R_f}{R_1}\right)\left(\frac{R_3}{R_2 + R_3}\right)u_{i2} - \frac{R_f}{R_1}u_{i1} \qquad (3-6)$$

【例 3-1】　电路如图 3-6 所示，已知 $R_1 = R_2 = R_{f1} = 30$ kΩ，$R_3 = R_4 = R_5 = R_6 = R_{f2} = 10$ kΩ，试求输出电压 u_o 与三输入电压 u_{i1}、u_{i2}、u_{i3} 之间的关系，并说明该电路实现了什么运算功能。

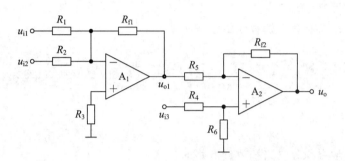

图 3-6　已知电路

解　由图 3-6 可知，运算放大器的第一级为反相加法运算电路，第二级为减法运算电路。

$$u_{o1} = -\frac{R_{f1}}{R_1}u_{i1} - \frac{R_{f1}}{R_2}u_{i2} = -(u_{i1} + u_{i2})$$

$$u_o = \frac{-R_{f2}}{R_5}u_{o1} + \left(1 + \frac{R_{f2}}{R_5}\right)\frac{R_6}{R_4 + R_6}u_{i3}$$

$$= u_{i3} - [-(u_{i1} + u_{i2})]$$

$$= u_{i1} + u_{i2} + u_{i3}$$

从计算结果可以看出，该电路实现了加法运算。

拓展知识

集成运算放大器应用注意事项

集成运算放大器的类型很多，同一类型按其技术指标又分有许多型号。在实际应用中，一定要根据需要认真选择型号。元件确定后，还应进行参数测试以便掌握器件的实际数据与厂家给定的典型数据之间的差距，做到心中有数，这对缩短调试周期十分有益。在应用集成运算放大器时，除了根据用途和要求正确选择型号之外，为达到使用要求和精度，避免在调试过程中损坏，在调试使用时还应注意以下问题。

1. 调零

失调电压、失调电流的存在使得实际运算放大器在输入信号为零时，输出不为零。为此，有些运算放大器在引脚中设有调零端子，接上调零电位器可调零。

2. 消除自激

运算放大器工作时很容易产生自激振荡，此时用示波器接在输出端，可看到输出信号上叠加了波形近似为正弦波的高频振荡，偶尔也出现低频振荡情况。为了消除自激，有些集成运算放大器在内部已做了消振电路，有些集成运算放大器则引出消振端子，外接 RC 消振网络。在实际应用中，为了使电路稳定，有些电路分别在运算放大器的正、负电源端与地之间并接上几十微法与 0.01 微法至 0.1 微法的电容，有些在反馈电阻两端并联电容，有些在输入端并联一个 RC 支路。

3. 保护措施

在使用过程中，电源极性接反、输入信号过大、输出端负载过重等原因会造成集成运算放大器损坏。因此，除了操作过程中加以注意外，还应在电路上采取一定的保护措施，如输入保护、输出保护和电源极性错接保护等。

任务 3.2　积分电路与微分电路的设计

任务目标

学习目标：学习积分电路和微分电路的特点。

能力目标：掌握运用集成运算放大器设计积分电路与微分电路的方法。

任务分析

积分电路与微分电路都是常用的计算电路，它们可以完成积分运算和微分运算，可以完成波形变化。通过本次任务的学习，可以掌握积分电路和微分电路的特点和设计方法。

知识链接

3.2.1　电路形式

1. 积分电路

积分电路可以完成对输入信号的积分运算，即输出电压与输入电压的积分成正比。反相积分电路如图 3-7 所示。

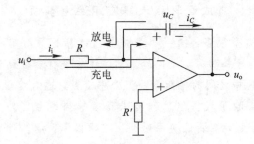

图 3-7　反相积分电路基本形式

输出电压为

$$u_{\circ} = -u_C = -\frac{1}{R_1 C}\int u_i \mathrm{d}t \qquad (3-7)$$

2. 微分电路

微分是积分的逆运算，将积分电路中的电容和电阻对调，就构成了微分电路。微分电路的输出电压是输入电压的微分，反相微分电路如图 3 - 8 所示。

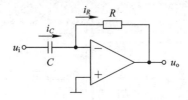

图 3 - 8　反相微分电路基本形式

输出电压为

$$u_{\text{o}} = -RC \frac{\text{d}u_{\text{i}}}{\text{d}t} \tag{3 - 8}$$

3.2.2　积分电路的主要作用

积分电路主要有 4 方面的作用：① 将矩形波变成锯齿波或三角波；② 延缓跳变电压；③ 进行脉冲转换；④ 抑制干扰脉冲和无用脉冲。具体原理可以通过式(3 - 7)的数学对应关系进行理解。

3.2.3　积分电路的图像

积分电路除了可作积分运算外，还可用作波形变换，如将方波信号变换为三角波信号。积分电路输入—输出波形仿真结果如图 3 - 9 所示。图中示波器屏幕上的波形清晰地显示出来，当方波信号输入积分电路时，输出为三角波信号。

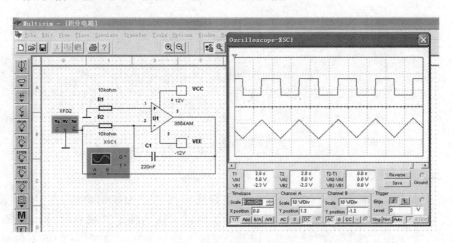

图 3 - 9　积分电路的仿真结果

3.2.4　微分电路的作用

微分电路的应用是很广泛的，在线性系统中，除了可作微分运算外，在脉冲数值电路中常用作波形变换,如将方波信号变换为尖顶脉冲波。微分电路输入—输出波形仿真结果如图 3-10 所示。图中示波器屏幕上的波形清晰地显示出来,当方波信号输入微分电路时,输出为尖顶脉冲信号。

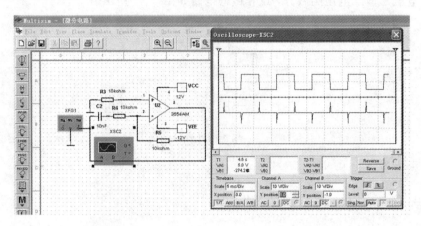

图 3-10 微分电路输入—输出波形仿真结果

任务实施 **积分电路的设计方法与步骤**

积分电路的设计可按以下几个步骤进行。

1. 选择电路形式

积分电路的形式可以根据实际要求来确定。若要进行两个信号的求和积分运算,则应选择求和积分电路。若只要求对某个信号进行一般的波形变换,则可选用基本积分电路。基本积分电路如图 3-11 所示。

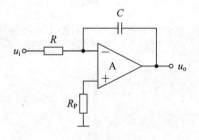

图 3-11 基本积分电路

2. 确定时间常数 $\tau = RC$

τ 的大小决定了积分速度的快慢。由于运算放大器的最大输出电压 U_{omax} 为有限值(通常 U_{omax} 为 ±10 V 左右),因此,若 τ 的值太小,则还未达到预定的积分时间 t,运算放大器已经饱和,输出电压波形会严重失真。因此,当输入信号为正弦波时,τ 的值不仅受运算放大器最大输出电压的限制,而且与输入信号的频率有关。对于一定幅度的正弦信号,频率越低,τ 的值应该越大。

3. 选择电路元件

(1)当时间常数 $\tau = RC$ 确定后,就可以选择 R 和 C 的值。由于反相积分电路的输入

电阻 $R_i = R$，因此往往希望 R 的值大一些。在 R 的值满足输入电阻要求的条件下，一般选择较大的 C 值，且 C 的值不能大于 $1\ \mu F$。

（2）确定 R_P。R_P 为静态平衡电阻，用来补偿偏置电流所产生的失调，一般取 $R_P = R$。如 $R = R_i = 10\ k\Omega$，则 R 也就是输入电阻。

（3）确定 R_f。在实际电路中，通常在积分电容的两端并联一个电阻 R_f。R_f 是积分漂移泄漏电阻，用来防止积分漂移所造成的饱和或截止现象。为了减小误差，要求 $R_f \geqslant 10R$。

（4）选择运算放大器。为了减小运算放大器的参数对积分电路输出电压的影响，应选择输入失调参数（U_{io}、I_{io}、I_B）小、开环增益（A_{uo}）和增益带宽积大、输入电阻高的集成运算放大器。

为了防止因 C_f 长时间充电导致集成运算放大器饱和，常在 C_f 上并联电阻 R_f，并联方法如图 3-12 所示。在积分电路上并联电阻有以下 3 种作用。

（1）低频段（$f \approx 0$ Hz）时，可看作一个增益为 $-R_f/R$ 的反向放大器。

（2）中频段（$0\ Hz < f < f_h$）时，可看作一个直流增益 A 为 $-R_f/R$，截止频率 f_h 为 $1/(2\pi R_f C)$ 的积分电路。

（3）高频段（$f > f_h$）时，大于截止频率 $1/(2\pi R_f C)$，增益将衰减。

所以说，并联电阻并不是为了提高高频段的增益，而是为了提高中频段的直流增益。

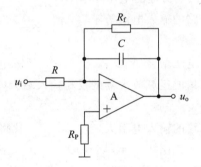

图 3-12　改进的积分电路

微分电路的设计方法与步骤

1. 基本微分电路形式

微分电路的基本电路形式如图 3-13 所示。

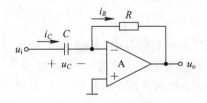

图 3-13　基本微分电路

2. 参数确定

微分是积分的逆运算，将基本积分电路中的电阻和电容元件位置互换即构成了基本微分电路，其参数值的确定方法和积分电路完全一致。微分电路的输出电压 u_o 取决于输入电压 u_i 对时间 t 的微分，即

$$u_o = -i_R R = -i_C R = -RC\frac{\mathrm{d}u_C}{\mathrm{d}t} = -RC\frac{\mathrm{d}u_i}{\mathrm{d}t} \qquad (3-9)$$

思考与练习题

一、填空题

1. 理想运算放大器的性能参数均被理想化，即输入电阻为_____，输出电阻为_____，开环电压增益为_____，输出电压为_____。

2. 运算放大器有两个工作区。在_____区工作时，放大器放大小信号；当输入为大信号时，它工作在_____区，输出电压扩展到_____。

3. 运算放大器工作在线性区时，具有_____和_____两个特点，凡是线性电路都可利用这两个概念来分析电路的输入、输出关系。

4. 反相比例运算电路中集成运算放大器反相输入端为_____点，而同相比例运算电路中集成运算放大器两个输入端对地的电压基本上_____。

5. _____比例运算电路的输入电流等于零，而_____比例运算电路的输入电流等于流过反馈电阻的电流。

6. _____运算电路的电压增益 $A_u \geqslant 1$，_____运算电路的电压增益 $A_u < 0$。

7. 反相求和运算电路中集成运算放大器的反相输入端为虚地点，流过反馈电阻的电流等于各输入端电流的_____。

8. _____比例运算电路的输入电阻大，而_____比例运算电路的输入电阻小。

9. _____运算电路可实现函数 $Y = aX_1 + bX_2 + cX_3$，其中 a、b 和 c 均小于零。

10. _____运算电路可将三角波电压转换成方波电压，_____运算电路可将方波电压转换成三角波电压。

二、选择题

1. 现有电路形式如下：
A. 反相比例运算电路　　　B. 同相比例运算电路　　　C. 积分运算电路
D. 微分运算电路　　　E. 加法运算电路
请选择一个合适的答案填入括号中。

（1）欲将正弦波电压移相 $+90°$，应选用（　　）。

（2）欲将正弦波电压叠加上一个直流量，应选用（　　）。

（3）欲实现 $A_u = -100$ 的放大电路，应选用（　　）。

（4）欲将方波电压转换成三角波电压，应选用（　　）。

（5）（　　）中集成运放反相输入端为虚地，而（　　）中集成运放两个输入端的电位等于输入电压。

2. 集成运放在作放大电路使用时，其电压增益主要决定于（　　）。

A. 反馈网络电阻　　　B. 开环输入电阻　　　C. 开环电压放大倍数

三、解答题

1. 如图 3-14 所示的电路，集成运算放大器输出电压的最大幅值为 ± 12 V，试求当 u_i 为 0.5 V，1 V，1.5 V 时 u_o 的值。

2. 写出图 3-15 中输入电压 u_i 与输出电压 u_o 的运算关系式。

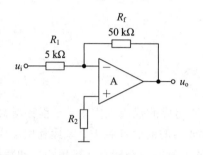

图 3-14　已知电路

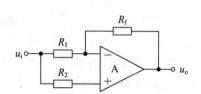

图 3-15　已知电路

3. 试求图 3-16 所示电路输出电压与输入电压的运算关系式。

4. 在图 3-17 所示的同相比例运算电路中，已知 $R_1 = 1$ kΩ，$R_2 = 2$ kΩ，$R_3 = 10$ kΩ，$R_f = 5$ kΩ，$u_i = 1$ V，求 u_o。

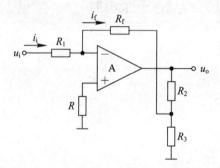

图 3-16　已知电路

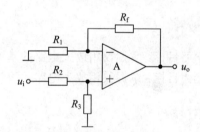

图 3-17　同相比例运算电路

5. 设计下列运算关系式的运算电路，并计算各电阻的阻值。

(1) $u_o = -2u_i$（$R_f = 100$ kΩ）；

(2) $u_o = 3u_{i2} - u_{i1}$（$R_f = 20$ kΩ）；

(3) $u_o = -100 \int u_i \mathrm{d}t$（$C_f = 0.1$ μF）。

项目 4　集成运算放大器构成的典型应用电路的设计

项 目 概 述

通过本项目的学习，掌握使用集成运算放大器构成的仪用放大电路、程控增益放大器和自动调整增益放大器的设计方法；掌握有源滤波器的概念和种类；掌握利用集成运算放大器构成的一阶和二阶低通、高通、带通、带阻滤波器的电路特点、幅频特性和特征参数；掌握二阶低通、高通、带通、带阻滤波器的设计方法；掌握功率放大电路的概念和种类；常用分立元件构成的功率放大电路的设计方法；常用集成功率放大芯片的使用方法；掌握正弦波振荡条件和电路的组成。

任务 4.1　仪用放大电路的设计

任务目标

学习目标：掌握仪用放大电路的基本原理。
能力目标：掌握仪用放大电路的设计。

任务分析

随着电子技术的飞速发展，运算放大电路得到广泛的应用。仪用放大器是一种精密差分电压放大器，它源于运算放大器，且优于运算放大器。仪用放大器把关键元件集成在放大器内部，其独特的结构使它具有高共模抑制比、高输入阻抗、低噪声、低线性误差、低失调漂移、增益设置灵活和使用方便等特点，使其在数据采集、传感器信号放大、高速信号调节、医疗仪器和高档音响设备等方面备受青睐。

知识链接

仪用放大器电路的典型结构如图 4-1 所示。

仪用放大器主要由两级差分放大器电路构成。其中，运算放大器 A_1、A_2 为同相差分输入方式，同相输入可以大幅度提高电路的输入阻抗，减小电路对微弱输入信号的衰减；差分输入可以使电路只对差模信号放大，而对共模输入信号只起跟随作用，使得送到后级的差模信号与共模信号的幅值之比（即共模抑制比 CMRR）得到提高。这样在以运算放大器 A_3 为核心部件组成的差分放大电路中，在 CMRR(Common Mode Rejection Ratio)要求不变的情况下，可明显降低对电阻 R_3 和 R_4、R_f 和 R_5 的精度匹配要求，从而使仪用放大器电路比简单的差分放大电路具有更好的共模抑制能力。在 $R_1 = R_2$，$R_3 = R_4$，$R_f = R_5$ 的条件下，图 4 - 1 电路的增益为 $G = (1 + 2R_1/R_g)R_f/R_3$。由公式可知，电路增益的调节可以通过改变 R_g 阻值实现。

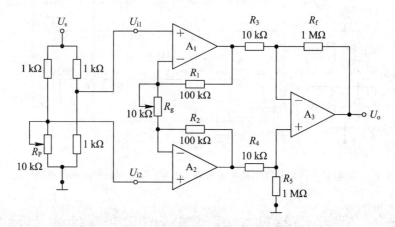

图 4 - 1　仪用放大器电路的典型结构

任务实施　仪用放大电路的设计

仪用放大器电路的实现方法主要分为两大类：第一类由分立元件组合而成；另一类由单片集成芯片直接实现。根据现有元器件，分别以单运算放大器 LM741、集成四运算放大器 LM324 设计出两种仪用放大器电路方案。

方案 1：由 3 个通用型运算放大器 LM741 组成三运算放大器仪用放大器电路形式，辅以相关的电阻外围电路，加上 A_1、A_2 同相输入端的桥式信号输入电路，如图 4 - 2 所示。

图 4 - 2 中的 $A_1 \sim A_3$ 分别用 LM741 替换即可。电路的工作原理与典型仪用放大器电路完全相同。

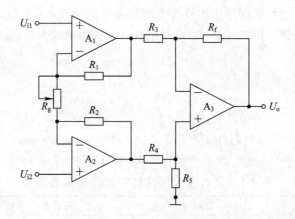

图 4 - 2　单运算放大器构成的仪用放大器电路的典型结构

方案 2：以一个四运算放大器集成电路 LM324 为核心实现，如图 4 - 3 所示。它的特点是将 4 个功能独立的运算放大器集成在同一个芯片里，这样可以大大减少各运算放大器由于制造工艺不同带来的器件性能差异；采用统一的电源，有利于电源噪声的降低和电路性能指标的提高，且电路的基本工作原理不变。

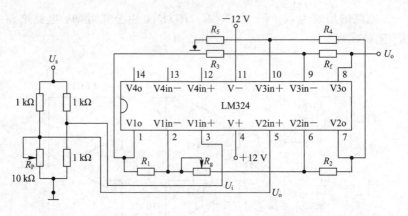

图 4 - 3　四运算放大器集成电路 LM324 构成的仪用放大器电路

任务 4.2　程控增益放大器和自动调整增益放大器的设计

任务目标

学习目标：掌握程控增益放大器的基本原理。

能力目标：掌握程控增益放大器的设计。

任务分析

在很多信号采集系统中，信号变化的幅度都比较大，如果采用单一的放大增益，那么放大以后的信号幅值有可能超过 A/D 转换的量程，所以必须根据信号的变化相应调整放大器增益。在自动化程度要求较高的系统中，用手工切换电阻来改变放大器增益的方法是不可取的，这就希望能够在程序中用软件控制放大器的增益，或者放大器本身能够将增益自动调整到合适的范围。在实际中，通常采用具有程控增益放大功能的集成芯片来完成。

知识链接

4.2.1　典型芯片

近年来，一些著名的模拟器件生产厂家，如 AD（Analog Device）公司、BB（Burr-Brown）公司等都推出了一系列具有程控增益功能的芯片。表 4.1 列出了几种常见型号。

表 4.1　具有程控增益功能的常见集成芯片

芯片名称	公司	可选的放大增益
PGA 102/103	BB 公司	1, 10, 100
PGA 203	BB 公司	1, 2, 4, 8
PGA 202/204	BB 公司	1, 10, 100, 1000
AD365（带采样/保持）	AD 公司	1, 10, 100, 500
AD524	AD 公司	1, 10, 100, 1000
AD 75068（8 通道）	AD 公司	1, 2, 4, 8, 16, 32, 64, 128

这些芯片的性能优越，使用方法简单明了，只需很少的外围器件就能构成一个完美的程控增益放大器。

4.2.2　程控增益放大器电路图

由 PGA 203 构成的程控增益放大器电路图如图 4-4 所示。

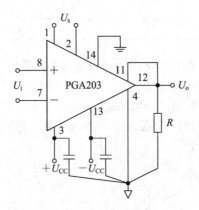

图 4-4　程控增益放大器电路图

在这里，所有的电源都应当通过一个 $0.1~\mu F$ 的钽电容接到模拟地，因为 11 脚和 4 脚上的任何电阻都会引起增益误差，所以它们的连线应当尽可能短。

4.2.3　自动调整增益放大器电路图

使用具有程控增益放大功能的集成芯片，可以设计出自动调整增益的放大器，常用电路如图 4-5 所示，由两个运算放大器控制计数器的增/减计数，计数器的输出还可引出，用来指示增益调整以后的量程。在设计中只需选择合适的 U_{REF}、R_1 和 R_2 的值，即可得到满意的自动调整增益放大器。

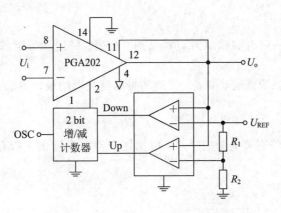

图 4-5　自动调整增益放大器电路图

表 4.2 给出了用软件选择增益的情况。从表中可以看出 PGA 202 和 PGA 203 本身所引起的误差是很小的，这一点也正是使用这种集成芯片最显著的优点。

表 4.2　PGA202/203 的增益选择

增益控制端				PGA202		PGA203	
A_0	A_1	A_2	A_3	增益	误差	增益	误差
0	0	0	0	1	0.05%	1	0.05%
0	1	0	1	10	0.05%	2	0.05%
1	0	1	0	100	0.05%	4	0.05%
1	1	1	1	1000	0.10%	8	0.05%

图 4-6 为增益 1～8000 倍可编程放大电路。该电路采用了 PGA202、PGA203 集成芯片,PGA202 集成芯片的数控增益范围为 1、10、100 和 1000(十进制),PGA203 的数控增益范围为 1、2、4、8(二进制)。增益控制端 A_2(引脚 1)和 A_3(引脚 2)与增益的对应关系见表 4.2。图 4-6 为串级放大电路,其总增益为各级增益之积,电路的总增益由 4 位数 A_0～A_3 控制,其控制对应关系见表 4.2。

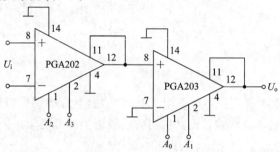

图 4-6　增益 1～8000 倍可编程放大电路图

任务 4.3　二阶有源滤波器的设计

任务目标

学习目标:学习一阶有源和二阶有源低通、高通、带通和带阻滤波器电路的组成、特性和参数。

能力目标:掌握二阶低通、高通、带通和带阻滤波器的设计方法。

任务分析

通过对有源滤波器有关概念的学习,根据用户需求设计出二阶有源低通、高通、带通和带阻滤波器电路。

知识链接

4.3.1　有源滤波器

1. 有源滤波器的概念

有源滤波器实际上是一种具有特定频率响应的放大器。它是在运算放大器的基础上增

加一些 R、C 等无源元件构成的。有源滤波器通常分为低通滤波器（Low Pass Filter，LPF）、高通滤波器（High Pass Filter，HPF）、带通滤波器（Band Pass Filter，BPF）、带阻滤波器（Band Elimination Filter，BEF），它们的幅度频率特性曲线（简称幅频特性曲线）如图 4 - 7 所示。

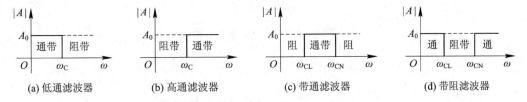

| (a) 低通滤波器 | (b) 高通滤波器 | (c) 带通滤波器 | (d) 带阻滤波器 |

图 4 - 7　有源滤波器的幅频特性曲线

滤波器也可以由无源的电抗性元件或晶体构成，称为无源滤波器或晶体滤波器。

2. 滤波器的用途

滤波器主要用来滤除信号中无用的频率成分。例如，有一个较低频率的信号，其中包含一些较高频率成分的干扰，滤波过程如图 4 - 8 所示。

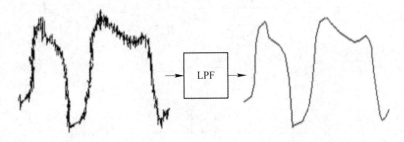

图 4 - 8　有源滤波器的滤波过程

4.3.2　有源低通滤波器

1. 低通滤波器的主要技术指标

1）通带增益 A_{up}

通带增益是指滤波器在通频带内的电压放大倍数。性能良好的 LPF 通带内的幅频特性曲线是平坦的，阻带内的电压放大倍数基本为零。

2）通带截止频率 f_p

通带截止频率的定义与放大电路的上限截止频率相同。通带与阻带之间称为过渡带，过渡带越窄，说明滤波器的选择性越好。

2. RC 低通滤波器的频率特性

1）频率特性的相关概念

可以将 RC 低通滤波器看成一个双端口网络。双端口网络的示意图如图 4 - 9 所示。该二端口网络的传递函数为

$$H(\mathrm{j}\omega) = \frac{\dot{U}_o}{\dot{U}_i} = |H(\mathrm{j}\omega)| \mathrm{e}^{\mathrm{j}\varphi(\omega)} \tag{4-1}$$

图 4-9　双端口网络示意图

其中：

$$|H(\mathrm{j}\omega)| = \left| \frac{\dot{U}_{\mathrm{o}}}{\dot{U}_{\mathrm{i}}} \right| \quad （转移函数的幅频特性）$$

$$\varphi(\omega) = \angle\dot{U}_{\mathrm{o}} - \angle\dot{U}_{\mathrm{i}} \quad （转移函数的相频特性）$$

2）一阶无源 RC 低通滤波电路

图 4-10 是 RC 串联电路，u_{i} 是输入电压，u_{o} 是输出电压。u_{o} 有效值的相量表示为

$$\dot{U}_{\mathrm{o}} = \frac{\dot{U}_{\mathrm{i}}}{R + Z_{\mathrm{C}}} Z_{\mathrm{C}} = \frac{\dot{U}_{\mathrm{i}}}{R + \dfrac{1}{\mathrm{j}\omega C}} \cdot \frac{1}{\mathrm{j}\omega C} = \frac{\dfrac{1}{\mathrm{j}\omega C}}{R + \dfrac{1}{\mathrm{j}\omega C}} \dot{U}_{\mathrm{i}} = \frac{1}{1 + \mathrm{j}\omega RC} \dot{U}_{\mathrm{i}} \qquad (4-2)$$

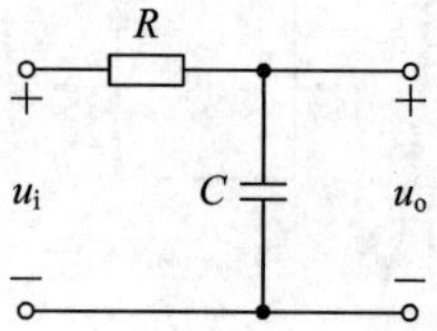

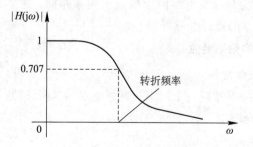

图 4-10　一阶无源 RC 低通滤波器电路图

电路的传递函数为

$$T(\mathrm{j}\omega) = \frac{\dot{U}_{\mathrm{o}}}{\dot{U}_{\mathrm{i}}} = \frac{1}{1 + \mathrm{j}\omega RC} = \frac{1}{\sqrt{1 + (\omega RC)^2}} \angle - \arctan\omega RC = |T(\mathrm{j}\omega)| \angle\varphi(\omega) \qquad (4-3)$$

其中：

$$|T(\mathrm{j}\omega)| = \frac{1}{\sqrt{1 + (\omega RC)^2}} \quad \varphi(\omega) = -\arctan\omega RC$$

其幅频特性曲线如图 4-11 所示。

图 4-11　一阶无源 RC 低通滤波电路幅频特性曲线

3）简单一阶有源低通有源滤波器

一阶有源低通滤波器的电路如图 4-12 所示，其幅频特性曲线如图 4-13 所示，图中虚线为理想的情况，实线为实际的情况。特点是电路简单，阻带衰减太慢，选择性较差。

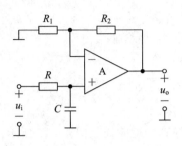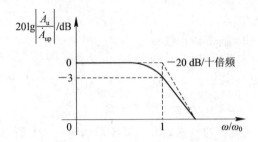

图 4-12　一阶有源 RC 低通滤波器电路图　图 4-13　一阶有源 RC 低通滤波器的幅频特性曲线

一阶低通滤波器的传递函数为

$$A(s) = \frac{U_o(s)}{U_i(s)} = \frac{A_{up}}{1 + \left(\dfrac{s}{\omega_0}\right)} \tag{4-4}$$

其中，$\omega_0 = \dfrac{1}{RC}$。

4）简单二阶低通有源滤波器

为了使输出电压在高频段以更快的速率下降，以改善滤波效果，再加一节 RC 低通滤波环节，称为二阶有源滤波电路。它比一阶低通滤波器的滤波效果更好。二阶 LPF 的电路图如图 4-14 所示，其幅频特性曲线如图 4-15 所示。

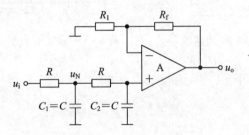

图 4-14　二阶 LPF 电路图

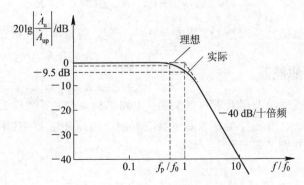

图 4-15　二阶 LPF 的幅频特性曲线

（1）通带增益。当 $f=0$ 或频率很低时，各电容器可视为开路，通带内的增益为 $A_{up}=1+R_f/R$。

（2）二阶低通有源滤波器传递函数：

$$A_u(s)=\frac{u_o(s)}{u_i(s)}=\frac{A_{up}}{1+3sCR+(sCR)^2} \tag{4-5}$$

（3）通带截止频率：

$$f_p=\sqrt{\frac{\sqrt{53}-7}{2}}f_0=0.37f_0=\frac{0.37}{2\pi RC} \tag{4-6}$$

5）二阶压控型低通滤波器

二阶压控型低通有源滤波器如图 4-16 所示，其幅频特性曲线如图 4-17 所示。其中的一个电容器 C_1 原来是接地的，现在改接到输出端，显然 C_1 的改接不影响通带增益。

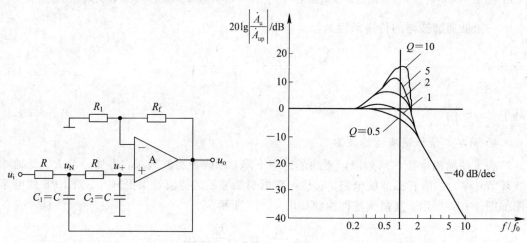

图 4-16　二阶压控型 LPF 电路图　　　图 4-17　二阶压控型 LPF 的幅频特性曲线

二阶压控型 LPF 的传递函数为

$$\dot{A}_{u(f=f_0)}=\frac{A_{up}}{j(3-A_{up})} \tag{4-7}$$

频率响应为

$$A_u(s)=\frac{u_o(s)}{u_i(s)}=\frac{A_{up}}{1+(3-A_{up})sCR+(sCR)^2} \tag{4-8}$$

定义有源滤波器的品质因数 Q，当 $Q=\dfrac{1}{3-A_{up}}$ 时，通带电压放大倍数 $A_{up}=1+\dfrac{R_f}{R_1}$。

4.3.3　有源高通滤波器

高通滤波器和低通滤波器具有对偶关系。电路结构对偶，只要将 LPF 中的 R、C 互换位置，便得到 HPF。二阶压控型有源高通滤波器的电路图如图 4-18 所示，其幅频特性曲线如图 4-19 所示。

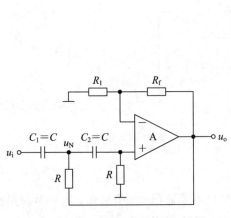
图 4 - 18　二阶压控型 HPF 电路图

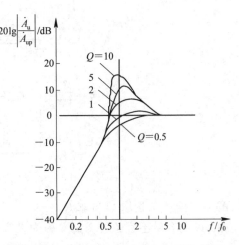
图 4 - 19　二阶压控型 HPF 幅频特性曲线

传递函数为

$$A_u(s) = \frac{(sCR)^2 A_{up}}{1 + (3 - A_{up})sCR + (sCR)^2}\qquad(4-9)$$

其中，$A_{up} = 1 + \dfrac{R_f}{R_1}$。

4.3.4　有源带通滤波器和带阻滤波器

有源带通滤波器(BPF)的电路图如图 4 - 20 所示，有源带阻滤波器(BEF)的电路图如图 4 - 21 所示。

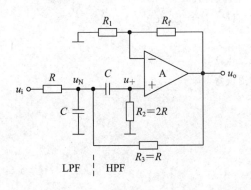

图 4 - 20　有源带通滤波器电路图

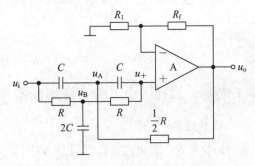
图 4 - 21　有源带阻滤波器电路图

带通滤波器是由低通 RC 环节和高通 RC 环节组合而成的。要将高通的下限截止频率设置成小于低通的上限截止频率，反之则为带阻滤波器。

要想获得好的滤波特性，一般需要较高的阶数。滤波器的设计计算十分麻烦，需要时可借助工程计算曲线和有关计算机辅助设计软件。

【例 4 - 1】　图 4 - 22 中，要求二阶压控型 LPF 的 $f_0 = 400\ \text{Hz}$，Q 值为 0.7，试求电路中的电阻、电容值。

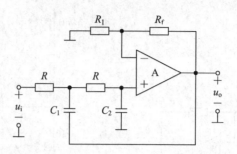

图 4-22 二阶压控型 LPF 电路图

解 根据 f_0，选取 C 再求 R。

（1）C 的容量不宜超过 1 μF。因为大容量的电容器体积大，价格高，应尽量避免使用。取 $C=0.1$ μF，1 kΩ $<R<$ 1 MΩ，计算出 $R=3979$ Ω，取 $R=3.9$ kΩ。则有

$$f_0 = \frac{1}{2\pi RC} = \frac{1}{2\pi R \times 0.1 \times 10^{-6}} = 400 \text{ Hz}$$

（2）根据 Q 值求 R_1 和 R_f，因为当 $f=f_0$ 时，有

$$Q = \frac{1}{3-A_{up}} = 0.7$$

根据 A_{up} 与 R_1、R_f 的关系以及集成运算放大器输入端外接电阻的对称条件，有

$$1 + \frac{R_f}{R_1} = A_{up} = 1.57$$

又因

$$R_1 /\!/ R_f = R + R = 2R$$
$$R_1 = 5.51R, \ R_f = 3.14R, \ R = 3.9 \text{ k}\Omega$$

联立得

$$R_1 = 21.5 \text{ k}\Omega$$
$$R_f = 12.3 \text{ k}\Omega$$

任务实施 **设计一个二阶有源滤波器**

1. 设计任务

（1）学习 RC 有源滤波器的设计方法；

（2）由滤波器设计指标计算电路元件参数；

（3）设计二阶 RC 有源滤波器（低通、高通、带通、带阻）；

（4）掌握有源滤波器的测试方法；

（5）测量有源滤波器的幅频特性。

2. 设计要求

（1）分别设计二阶 RC 低通、高通、带通、带阻滤波器电路，计算电路元件参数，拟定测试方案和步骤；

（2）在 Multisim 仿真电路里测量并调整静态工作点；

（3）测量技术指标参数；

（4）测量有源滤波器的幅频特性；

（5）写出设计报告。

任务 4.4　音响放大器的设计

任务目标

学习目标：学习功率放大电路的种类和特点；了解常用的分立元件构成的功率放大电路。

能力目标：掌握利用集成电路设计音频电路的方法。

任务分析

通过对功率放大电路有关概念的学习，根据用户需求设计出音响放大器电路。

知识链接

放大电路的作用是将放大后的信号输出，并驱动负载。不同的负载具有不同的功率，放大电路要驱动负载必须输出相应的功率。能够向负载提供足够输出功率的放大电路称为功率放大电路，简称功放。

放大电路的实质是能量的转换和控制。从能量转换和控制的角度来看，功率放大电路和电压放大电路没有什么本质的区别，它们的主要差别是所完成的任务不同。

电压放大电路的任务是放大输入电压，而功率放大电路是放大输入信号的功率。也就是说，功率放大电路在工作的过程中不仅输出高电压，而且在电源电压确定的情况下输出尽可能大的功率。因此功率放大电路包含一系列电压放大电路所没有的特殊问题，这就是功率放大电路的特点。

4.4.1　功率放大电路的特点与分类

1. 功率放大电路的主要特点

（1）输出功率足够大。

功率放大电路是一种以输出较大功率为目的的放大电路。要求功率放大电路同时输出较大的电压和电流，而这时的三极管工作在接近极限状态。

（2）具有较高的功率转换效率。计算公式为

$$\eta = \frac{P_\circ}{P_E} \times 100\% \tag{4-10}$$

（3）尽量减小非线性失真。

（4）三极管的散热要好。

2. 功率放大电路的分类

音频功率放大电路分为三类：甲类功率放大器电路、甲乙类功率放大器电路、乙类功率放大器电路。

（1）甲类功率放大器电路在整个信号周期内都有电流流过，一个周期内均导通，效率最高达 50%，如图 4-23 所示。

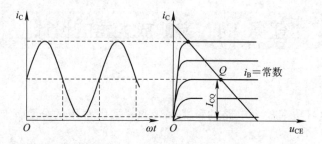

图 4-23　甲类功率放大器电路

（2）甲乙类功率放大器电路在整个信号周期内半个周期以上有电流流过，导通角大于180°，如图 4-24 所示。

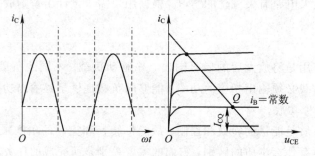

图 4-24　甲乙类功率放大器电路

（3）乙类功率放大器电路在整个信号周期内半个周期有电流流过，导通角等于180°，如图 4-25 所示。

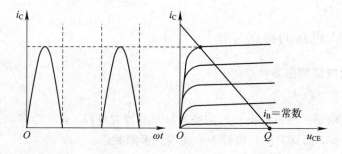

图 4-25　乙类功率放大器电路

4.4.2　互补对称功率放大电路

1. OCL 功率放大电路

OCL（Output CapacitorLess）功率放大电路又称双电源供电电路。其电路如图 4-26 所示。

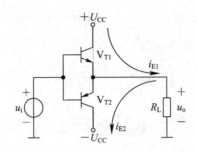

图 4-26　OCL 功率放大电路

1) OCL 的结构特点

(1) 由 NPN 型、PNP 型三极管构成两个对称的射极输出器对接而成。

(2) 双电源供电。

2) OCL 的工作原理

两个三极管在信号一个正、负半周轮流导通，使负载得到一个完整的波形。

(1) 静态分析。

$u_i = 0$ V，V_{T1}、V_{T2} 均不工作，$u_o = 0$ V。

(2) 动态分析。

$u_i > 0$ V，V_{T1} 导通，V_{T2} 截止，$i_L = i_{E1}$；

$u_i < 0$ V，V_{T1} 截止，V_{T2} 导通，$i_L = i_{E2}$。

V_{T1}、V_{T2} 两个晶体管都只在半个周期内工作的方式，称为乙类放大。原理如图 4-27 所示。

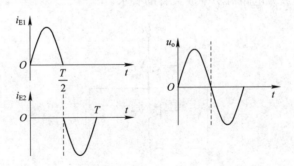

图 4-27　OCL 功率放大电路输出电流、电压波形

(3) 参数计算。

输出功率为

$$P_o = U_o I_o = \frac{U_{om}}{\sqrt{2}} \cdot \frac{U_{om}}{\sqrt{2} R_L} = \frac{1}{2} \cdot \frac{U_{om}^2}{R_L} \tag{4-11}$$

最大输出功率为

$$P_{om} \approx \frac{1}{2} \cdot \frac{U_{CC}^2}{R_L} \tag{4-12}$$

直流电源输出功率为

$$P_V = U_{CC} \cdot \frac{1}{\pi} \cdot \int_0^\pi I_{CM} \sin\omega t \, \mathrm{d}(\omega t) = \frac{2U_{CC} I_{CM}}{\pi} \tag{4-13}$$

当饱和压降 $U_{CES} = 0$ 时，效率 η 为

$$\eta = \frac{\pi}{4} \cdot \frac{U_{CC} - U_{CES}}{U_{CC}} \tag{4-14}$$

三极管的最大管耗为

$$P_{Tmax} \approx 0.2 P_{omax} \tag{4-15}$$

3) 功率 BJT 的选择

(1) 功率放大管的最大管压降 $U_{(BR)CEO}$。当输出电压 U_o 达到最大不失真输出幅度时，功率放大管所承受的反向电压也为最大，且近似等于 $2U_{CC}$，故要求功率放大管的最大反向击穿电压 $U_{(BR)CEO}$ 应满足

$$U_{(BR)CEO} \geqslant 2U_{CC}$$

(2) 为保证功率放大管不被烧坏，功率放大管集电极的最大允许管耗 P_{Tm} 应满足

$$P_{Tmax} \approx 0.2 P_{omax}$$

(3) 功率放大管的集电极最大允许电流 I_{CM} 应满足

$$I_{CM} = \frac{U_{CC}}{R_L}$$

【例 4-2】　如图 4-28 所示的 OCL 功率放大电路，已知 $U_{CC} = 24$ V，$R_L = 8$ Ω。试估算：

(1) 该电路最大输出功率 P_{om}；

(2) 最大管耗 P_{Tm}；

(3) 说明该功率放大电路对功率放大管的要求。

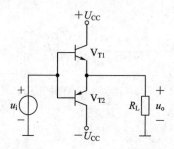

图 4-28　OCL 功率放大电路图

解　(1) 最大输出功率 P_{om} 为

$$P_{om} = \frac{U_{CC}^2}{2R_L} = \frac{24^2}{2 \times 8} W = 36 \ W$$

(2) 最大管耗为

$$P_{Tm} \approx 0.2 P_{om} = 0.2 \times 36 \ W = 7.2 \ W$$

(3) 选择功率放大管应满足的条件为

$$P_{CM} \geqslant P_{Tm} = 7.2 \ W$$

$$U_{(BR)CEO} \geqslant 2U_{CC} = 2 \times 24 \ V = 48 \ V$$

$$I_{CM} \geqslant \frac{U_{CC}}{R_L} = \frac{24\ V}{8\ \Omega} = 3\ A$$

2. OTL 功率放大电路

OTL(Output TransformerLess)功率放大电路又称单电源供电电路,其电路如图 4 - 29 所示。

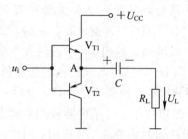

图 4 - 29　OTL 功率放大电路图

1) OTL 的电路特点

(1) 单电源供电。

(2) 输出加有大电容。

2) OTL 的电路分析

(1) 静态电路分析。

当电路对称时,输出端的静态电位等于 $U_{CC}/2$。

(2) 动态电路分析。

u_i 负半周:V_{T2} 截止,V_{T1} 导通,有电流流过负载,同时给电容 C 充电。

u_i 正半周:V_{T1} 截止,V_{T2} 导通,已充电的电容 C(相当于电源 $-U_{CC}$)通过负载 R_L 放电。

当 R_{LC}(时间常数)足够大,远远大于信号的最长周期,其效果相当于电压为 $+U_{CC}/2$ 和 $-U_{CC}/2$ 的 OCL 电路。计算时将 OCL 公式中的 U_{CC} 用 $U_{CC}/2$ 代替即可。

任务实施　音响放大器的设计与制作

1. 设计要求

初始条件:要求使用的芯片为 TDA2030A 和 LM324。

要求完成的主要任务:设计一个音响放大电路。

技术指标如下:

(1) 输出功率为 0.5 W;

(2) 负载阻抗为 4 Ω;

(3) 频率响应为 $f_L \sim f_H$ 在 50 Hz～20 kHz 范围内;

(4) 输入阻抗为大于 20 kΩ;

(5) 整机电压增益为大于 50 dB。

电路要求有独立的前置放大级(放大话筒信号)和功率放大级。

2. 放大电路的比较与论证

方案 1：采用 $\mu A741$ 运算放大器设计电路，$\mu A741$ 是高增益运算通用放大器，早些年最常用的运算放大器之一，应用非常广泛，为双列直插 8 脚或圆筒 8 脚封装。工作电压为 ± 220 V，差分电压为 ± 30 V，输入电压为 ± 18 V，允许功耗为 500 mW。

方案 2：采用 LM324 通用四运算放大器，双列直插 8 脚封装，内部包含四组形式完全相同的运算放大器，除电源共用外，四组运算放大器相互独立。它有 5 个引出脚，其中"＋""一"为两个信号输入端，"U_+""U_-"为正、负电源端，"$U_\circ$"为输出端。两个信号输入端中 U_i-（一）为反相输入端，表示运放输出端 $U_\circ$ 的信号与该输入端的位相反；U_i+（＋）为同相输入端，表示运放输出端 $U_\circ$ 的信号与该输入端的相位相同。

方案选取：$\mu A741$ 是通用放大器，性能不是很好，满足一般需求，而 LM324 四运算放大器具有电源电压范围宽、静态功耗小、可单电源使用、价格低廉等优点。本设计由于对放大倍数要求不高，LM324 能达到频响要求，故选用 LM324 四运算放大器。

3. 音频功率放大电路的比较与论证

方案 1：采用 SL34 集成功率放大器，SL34 是低电压集成音频功率放大器，具有功耗低、失真小的优点。工作电压为 6 V，8 负载时，输出功率在 300 mW 以上。主要用于收音机及其他功率放大器。

方案 2：LM386 是一种音频集成功率放大器，具有自身功耗低、电压增益可调整、电源电压范围大、外接元件少和总谐波失真小等优点，广泛应用于录音机和收音机之中。LM386 的电源电压在 4～12 V，音频功率为 0.5 W。LM386 音响功率放大器是由 NSC 制造的，它的电源电压范围非常宽，最高可达到 15 V，消耗静态电流为 4 mA，当电源电压为 12 V 时，在 8 Ω 的负载情况下，可提供几百微瓦的功率。它的典型输入阻抗为 50 kΩ。

方案 3：由 TDA2030 芯片所组成的功率放大器是一款输出功率大（最大功率可达35 W 左右）、静态电流小、负载能力强、动态电流大（可带动 4～16 Ω 的扬声器）、电路简洁、制作方便、性能可靠的高保真功率放大器，并具有内部保护电路。

方案选取：本课题要求音响放大器的输出功率在 5 W 以上，然而 LM386 达不到这要求，故选用 TDA2030。频率响应 f_L-f_H 为 50 Hz～20 kHz；而单电源供电音频功率放大器已经达到所需要的目标。并且它用较少元件组成单声道音频放大电路，具有装置调整方便、性能指标好等特点。而 BTL 电路虽然也有以上的功能，但制作复杂，不利于维修。

4. 核心元器件介绍

1）LM324 的介绍

（1）LM324 简介。

LM324 系列器件为价格便宜的带有真差动输入的四运算放大器。与单电源应用场合的标准运算放大器相比，它们有一些显著优点。LM324 可以工作在 3～32 V 的电源下，静态电流为 MC1741 静态电流的五分之一。共模输入范围包括负电源，因而消除了在许多应用场合中采用外部偏置元件的必要性。每一组运算放大器可用图 4 - 30 所示的符号来表示。它有 5 个引出脚，其中"＋""一"为两个信号输入端；"U_+""U_-"为正、负电源端；"$U_\circ$"为输出端。两个信号输入端中，U_{i-}（一）为反相输入端，表示运算放大器输出端 $U_\circ$ 的信号与该输入端的相位相反；U_{i+}（＋）为同相输入端，表示运算放大器输出端 $U_\circ$ 的信号与该输入端的相位相同。LM324 的外形如图 4-31 所示。LM324 的引脚排列如图 4-32 所示。

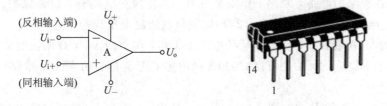

图 4-30　LM324 的符号　　　　　图 4-31　LM324 的外形

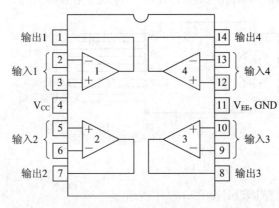

图 4-32　LM324 的引脚排列

(2) LM324 的特点。

① 短跑保护输出。

② 有差动输入级。

③ 可单电源工作范围为 3~32 V。

④ 低偏置电流最大为 100 nA。

⑤ 每封装含四个运算放大器。

⑥ 具有内部补偿功能。

⑦ 共模范围扩展到负电源。

⑧ 具有行业标准的引脚排列。

⑨ 输入端具有静电保护功能。

2) TDA2030A 的介绍

TDA2030A 是德律风根生产的音频功率放大电路,采用 V 型 5 脚单列直插式塑料封装结构,按引脚的形状可分为 H 型和 V 型。TDA2030A 广泛应用于汽车立体声收录音机、中功率音响设备,具有体积小、输出功率大、失真小等特点,并具有内部保护电路。意大利 SGS 公司、美国 RCA 公司、日本日立公司、NEC 公司等均有同类产品生产,虽然其内部电路略有差异,但引出脚位置及功能均相同,可以互换。

(1) TDA2030A 的特点。

① 外接元件非常少。

② 输出功率大,$P_o = 18$ W($R_L = 4$ Ω)。

③ 采用超小型封装(TO-220),可提高组装密度。

④ 开机冲击极小。

⑤ 内含各种保护电路，因此工作安全可靠。主要保护电路有：短路保护、热保护、地线偶然开路、电源极性反接($U_{smax} = 12$ V)以及负载泄放电压反冲等。

⑥ TDA2030A 能在 $\pm 6 \sim \pm 22$ V 的电压下工作，在 ± 19 V、8 Ω 阻抗时能够输出 16 W 的有效功率，THD$\leqslant 0.1\%$，用 TDA2030A 做电脑有源音箱的功率放大部分或小型功率放大器最为合适。

（2）TDA2030A 的引脚如图 4 - 33 所示。其中，1 脚是正相输入端；2 脚是反向输入端；3 脚是负电源输入端；4 脚是功率输出端；5 脚是正电源输入端。

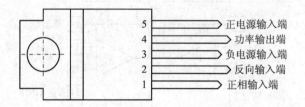

图 4 - 33　TDA2030A 的引脚

5. 电路设计

音响放大器的电路整体设计如图 4 - 34 所示。

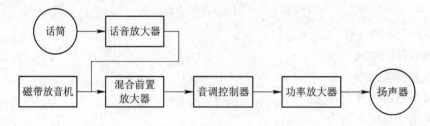

图 4 - 34　音响放大器电路整体设计

下面介绍各模块电路的设计。

1）直流稳压电源电路的设计

各种电气设备内部均是由不同种类的电子电路组成，电子电路正常工作需要直流电源，为电气设备提供直流电的设备称为直流稳压电源，直流稳压电源可以将 220 V 的交流输入电压转变成稳定不变的直流电压，直流稳压电源的组成框图如图 4 - 35 所示。

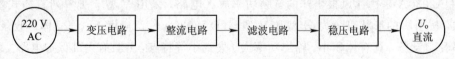

图 4 - 35　直流稳压电源的组成框图

2）话音放大器与混合前置放大器的设计

由于话筒的输出信号一般只有 5 mV 左右，而输出阻抗达到 20 kΩ（也有低输出阻抗的话筒，如输出阻抗为 20 Ω、200 Ω 等），所以话音放大器的作用是不失真地放大声音信号（最高频率达到 10 kHz），其输入阻抗应远大于话筒的输出阻抗，放大倍数为 $A_u = 1 + R_{12}/R_{11} = 8.5$，具体放大电路如图 4-36 所示。

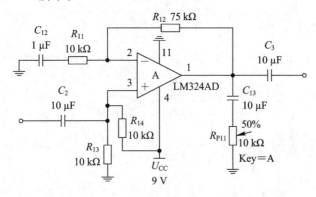

图 4-36　话音放大器电路

3）功率放大电路的设计

很多情况下主机的额定输出功率不能胜任带动整个音响系统的任务，这时就要在主机和播放设备之间加装功率放大器来补充所需的功率缺口，而功率放大器在整个音响系统中起到了组织、协调的枢纽作用，在某种程度上主宰着整个系统能否提供良好的音质输出。当负载一定时，希望其输出的功率尽可能大，输出信号的非线性失真尽可能小，效率尽可能高。功率放大器的常见电路有 OTL（Output TransformerLess）电路和 OCL（Output CapacitorLess）电路。有用集成运算放大器和晶体管组成的功率放大器，也有专用集成电路的功率放大器。

TDA2030A 是 SGS 公司生产的单声道功放 IC，该 IC 体积小巧，输出功率大，最大功率可达 40 W；并具有静态电流小（50 mA 以下），动态电流大（能承受 3.5 A 的电流）；负载能力强，既可带动 4～16 Ω 的扬声器，某些场合又可带动 2 Ω 甚至 1.6 Ω 的低阻负载；音色中规中矩，无明显个性，特别适合制作输出功率中等的高保真功率放大器。具体电路图如图 4-37 所示。

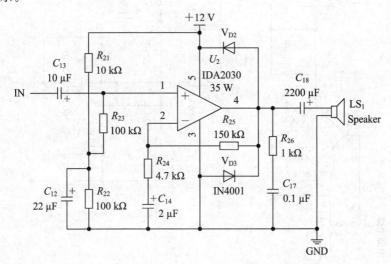

图 4-37　功率放大电路

4）总电路图

将电源部分、话音放大器部分、功率放大器部分组合到一起，就得到该功率放大器的总电路图，总电路图如图 4 - 38 所示。

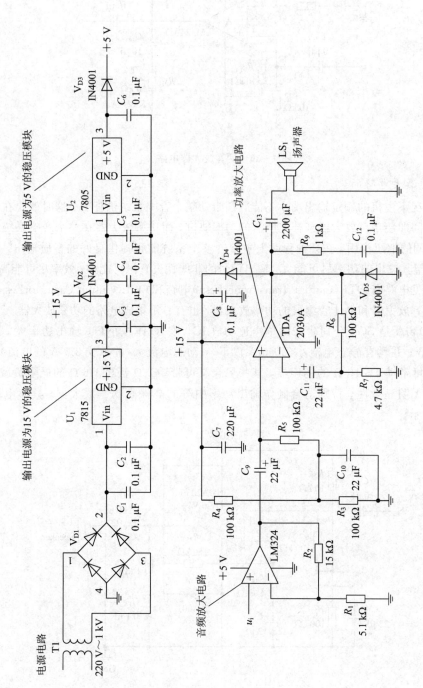

图4-38　功率放大器总电路图

任务 4.5　正弦波信号发生器的设计

任务目标

学习目标：学习正弦波振荡条件；学习三点式 LC 振荡电路的种类和判定条件；学习 RC 桥式振荡电路的组成、频率计算方法。

能力目标：能够完成正弦波信号发生器的设计。

任务分析

根据设计题目要求，分析工作原理，选择所需的电子元器件，画出电路组成框图，完成电路各部分的指标分配，计算各单元电路的参数和确定各元件的参数值，了解主要元器件的功能及相互之间的控制关系和数据传输。

知识链接

4.5.1　振荡产生的条件

振荡器产生的信号是自激的，通常称为自激振荡器。

1. 自激振荡的形成

1）自激振荡的现象

通过扩音系统中的自激现象，感受放大器自激的效果，示意图如图 4-39 所示。

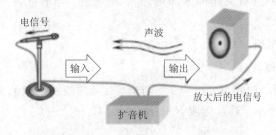

图 4-39　自激振荡的产生过程

2）正弦波振荡电路的组成

正弦波振荡电路由放大器、反馈网络、选频网络和稳幅电路等部分组成，具体组成如图 4-40 所示。

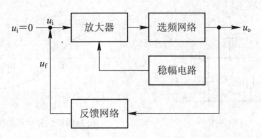

图 4-40　正弦波振荡电路的原理组成

（1）放大电路：电压增益为 A，一般由集成运算放大器构成。

（2）反馈网络：一般为正反馈网络，反馈系数为 F。

（3）选频网络：由电阻和电容构成。

（4）稳幅电路：由二极管或负温度系数的电阻组成。

电路在通电的瞬间，将产生微小的噪声或扰动信号，电路对频率为 f_0 的正弦波产生正反馈过程，则输出信号 u_o 增大，直接导致 u_f 增大（u_i 增大），而 u_o 增大的幅度更大。于是 u_o 越来越大，由于二极管的非线性特性，当 u_o 的幅值增大到一定程度时，放大倍数将减小（稳幅），这时电路达到动态平衡。

2. 自激振荡产生的条件

1）相位平衡条件

要维持振荡，电路必须是正反馈，其条件是 $\varphi=0$ 或 $\varphi=\varphi_A+\varphi_F=2n\pi(n=0,1,2,3,\cdots)$。其中，$\varphi_A$ 为放大器的相移，φ_F 为反馈电路的相移，φ 为相位差。

反馈电压的相位与净输入电压的相位必须相同，即反馈回路必须是正反馈。

2）振幅平衡条件

自激振荡的振幅平衡条件是 $|\dot{A}\dot{F}|\geqslant1$。

要维持等幅振荡，反馈电压的大小必须等于净输入电压的大小，即 $u_f=u_i$。

4.5.2　常用振荡电路

正弦波振荡电路按反馈网络性质分类可分为两大类。

（1）RC 振荡电路：由电阻、电容元件和放大电路组成的振荡电路。

（2）LC 振荡电路（含石英晶体振荡电路）：由电感、电容元件和放大电路组成的振荡电路。

1. RC 桥式振荡电路

1）RC 网络的选频特性

将电阻 R_1 与电容 C_1 串联、电阻 R_2 与电容 C_2 并联所组成的网络称为 RC 串并联选频网络，如图 4-41 所示。通常选取 $R_1=R_2=R$，$C_1=C_2=C$。

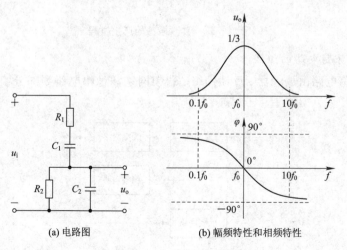

(a) 电路图　　　　(b) 幅频特性和相频特性

图 4-41　RC 串并联选频网络

（1）谐振频率 f_0 取决于选频网络 R、C 元件的数值，计算公式为 $f_0 = \dfrac{1}{2\pi RC}$。

（2）当输入信号的频率 $f = f_0$ 时，输出电压 u_o 幅度最大为 $\dfrac{1}{3}$。其输出信号与输入信号之间的相移 $\varphi_F = 0$。

（3）在 $f \neq f_0$ 时，输出电压幅度很快衰减，其存在一定的相移。所以 RC 串并联网络具有选频特性。

2）RC 桥式正弦波振荡电路

（1）电路组成如图 4-42 所示。

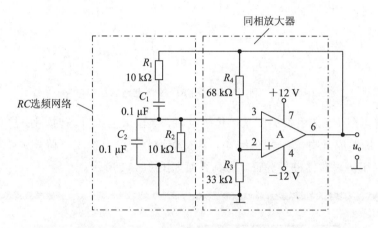

图 4-42　RC 桥式正弦波振荡电路的组成

由 R_1、C_1 串联和 R_2、C_2 并联构成的具有选频作用的正反馈支路与由同相输入运算放大器构成的放大器，这二者构成了正反馈放大器。

（2）振荡原理。

① 相位条件：同相放大器的输入与输出信号相位差为 0°，RC 串并联选频网络的移相也为 0°，满足正弦波振荡的相位平衡条件。

② 幅度条件：当 $f = f_0$ 时，RC 选频网络反馈系数为 $F = \dfrac{1}{3}$。

同相放大器的放大倍数为 $A = 1 + \dfrac{R_4}{R_3}$。

当 R_3 和 R_4 的取值满足 $R_4 \geqslant 2R_3$ 时，$A \geqslant 3$，振荡电路满足振荡的幅度平衡条件 $A_F \geqslant 1$。

（3）振荡频率。

通常情况下选取 $R_1 = R_2 = R$，$C_1 = C_2 = C$，则振荡频率为 $f_0 = \dfrac{1}{2\pi RC}$。

3）RC 振荡电路的稳幅

图 4-43 所示是利用二极管的非线性特性自动完成稳幅的。

当振荡电路输出幅值增大时，流过二极管的电流增大，二极管的动态电阻减小，同相放大器的负反馈得到加强，放大器的增益下降，从而使输出电压稳定。

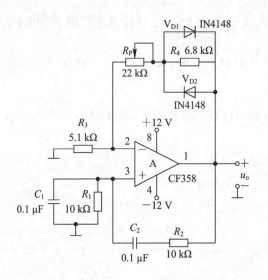

图 4 - 43　利用二极管的 RC 振荡电路的稳幅电路

还可以将电阻 R_4 选用负温度系数热敏电阻，当输出电压升高时，通过负反馈电阻 R_4 的电流增大，即温度升高，R_4 阻值减小，负反馈增强，输出幅度下降，从而实现稳幅，稳幅的过程可以用仿真软件进行验证，仿真界面如图 4 - 44 所示。

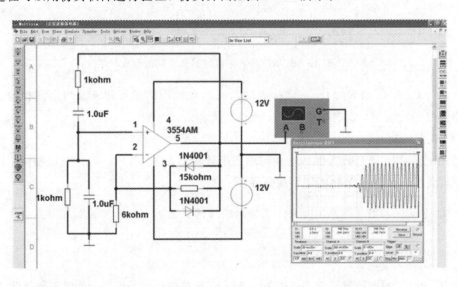

图 4 - 44　稳幅过程的仿真界面

4）输出频率的调整

通过调整 R 或 C 来调整输出频率。具体电路图如图 4 - 45 所示。

S：双联波段开关，切换 R，用于粗调振荡频率。

C：双联可调电容，改变 C，用于细调振荡频率。

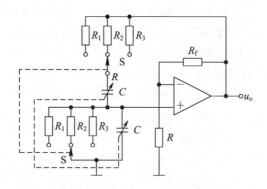

图 4-45   输出频率的调整电路图

【例 4-3】   在图 4-46 所示电路中,已知电容的取值分别为 $0.02\ \mu\text{F}$、$0.2\ \mu\text{F}$、$2\ \mu\text{F}$ 和 $20\ \mu\text{F}$,电阻 $R = 100\ \Omega$,电位器 $R_P = 20\ \text{k}\Omega$。试求 f_0 的调节范围。

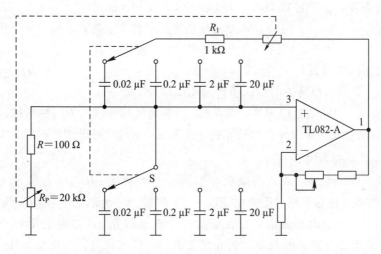

图 4-46   已知电路

解   由于 $f_0 = \dfrac{1}{2\pi(R + R_P)C}$,所以 f_0 的最小值为

$$f_{0\min} = \frac{1}{2\pi(R + R_{P\max})C_{\max}} = \frac{1}{2\pi \times (100 + 20 \times 10^3) \times 20 \times 10^{-6}}\ \text{Hz} \approx 0.79\ \text{Hz}$$

f_0 的最大值为

$$f_{0\max} = \frac{1}{2\pi(R + R_{P\min})C_{\min}} = \frac{1}{2\pi \times 100 \times 0.02 \times 10^{-6}}\ \text{Hz} \approx 79.6\ \text{kHz}$$

综合得到 f_0 的调节范围为 $0.79\ \text{Hz} \sim 79.6\ \text{kHz}$。

5)电路评价

RC 桥式振荡电路的频率调节方便,波形失真度小,频率调节范围宽,适用于所需正弦波振荡频率较低的场合。当振荡频率较高时,应选用 LC 正弦波振荡电路。

2. LC 正弦波振荡电路

RC 振荡电路产生的频率一般在 $1\ \text{MHz}$ 以下,要产生更高频率的正弦波,可采用 LC

正弦波振荡电路。LC 正弦波振荡电路最高可产生 1000 MHz 以上的正弦波。由于普通运算放大器的频率上限不高，而高速集成运算放大器价格较高，所以 LC 正弦波振荡电路一般采用分立元件。LC 正弦波振荡电路的选频网络为 LC 反馈网络。LC 振荡电路分为变压器反馈式 LC 振荡电路、电感三点式 LC 振荡电路、电容三点式 LC 振荡电路。

LC 三点式振荡电路实际上就是将电路中三极管的 3 个电极分别接到谐振回路的 3 个端点上，三点式电路的交流通路的一般形式如图 4-47 所示。

1）三点式振荡电路的相位平衡条件

在图 4-47 中，用 X_1、X_2、X_3 分别表示谐振回路的 3 个电抗元件。电感三点式 X_1、X_2 都是感抗，电容三点式 X_1、X_2 都是容抗。可以证明，三点式振荡电路的相位平衡条件判断法则如下所述。

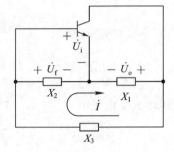

图 4-47 三点式振荡电路的交流通路

由于放大器的输出电压 U_o 与输入电压 U_i 反相，因而要满足起振的相位条件，必须要求 U_f（即为 U_i）与 U_o 反相。根据 $X_1+X_2+X_3=0$ 可知，X_1 与 X_2 应为同性质电抗，而 X_3 就必须是异性电抗，才能满足回路所有电抗总和为零的要求。这就是三点式电路的组成法则。

综上所述，三点式振荡器的相位条件判断法则如下：

（1）X_1 与 X_2 为同性电抗元件，或者说，与发射极相连接的为同性电抗。

（2）X_3 与 X_1、X_2 互为异性电抗元件，或者说，不与发射极相连接的为异性电抗。

2）电感三点式振荡电路

（1）电路组成。电感三点式振荡电路如图 4-48 所示。R_{b1}、R_{b2} 和 R_e 为偏置电阻。L_1、L_2 和 C 组成了选频网络，反馈电压取自 L_2 两端。C_b 为耦合电容，C_e 为旁路电容。

由于电感的三个引出端分别与三极管的三个电极相连，所以称为电感三点式振荡电路。电感三点式振荡电路就是与发射极相连接的两个电抗元件同为电感，另一个电抗元件为电容。即 X_1 与 X_2 为电感，X_3 为电容。具体分析如图 4-48(b) 所示的交流通路，在图中线圈 1-2 可以看作 X_1，线圈 2-3 可以看作 X_2，电容 C 可以看作 X_3，满足上述的三点式振荡器的相位条件判断法则。

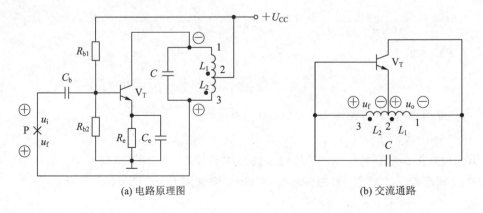

(a) 电路原理图   (b) 交流通路

图 4-48 电感三点式振荡电路原理和交流通路

（2）振荡频率。电感三点式振荡电路的振荡频率等于 LC 并联电路的谐振频率，即

$$f_0 = \frac{1}{2\pi\sqrt{LC}}$$ （4-16）

式中，$L = L_1 + L_2 + 2M$，其中 M 是 L_1 与 L_2 之间的互感系数。

（3）电路评价。电感三点式振荡电路结构简单，容易起振，改变绕组抽头的位置，可调节振荡电路的输出幅度。采用可变电容 C 可获得较宽的频率调节范围，工作频率一般可达几十千赫至几十兆赫。但波形较差，其频率稳定性也不高，通常用于对波形要求不高的设备中，如接收机的本机振荡电路等。

3）电容三点式振荡电路

（1）电路组成。

电容三点式振荡电路如图 4-49 所示。

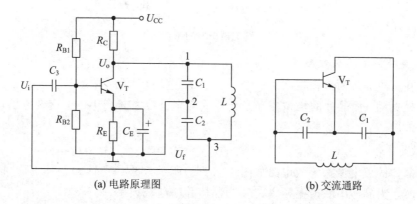

(a) 电路原理图　　　　　　　　　(b) 交流通路

图 4-49　电容三点式振荡电路原理和交流通路

选频网络由电感 L、电容 C_1、C_2 组成，选频网络中的"1"端通过输出耦合电容 C_c 接集电极，"2"端通过旁路电容 C_e 接发射极，"3"端通过耦合电容 C_b 接基极。

由于电容的三个端子分别与三极管 V_T 的三个电极相连，故称为电容三点式振荡电路。电容三点式振荡器就是与发射极相连接的两个电抗元件同为电容，另一个电抗元件为电感，即 X_1 为电容 C_1，X_2 为电容 C_2，X_3 为电感 L，满足上述的三点式振荡器的相位条件判断法则，电路如图 4-49 所示。

适当选择 C_1 和 C_2 的数值，就能满足幅度平衡条件，电路起振。

（2）振荡频率 f_0。由于总电容 C 是 C_1、C_2 串联得到的，即

$$C = \frac{C_1 C_2}{C_1 + C_2}$$

振荡频率由 LC 回路谐振频率确定，电路的振荡频率为

$$f_0 = \frac{1}{2\pi\sqrt{L\dfrac{C_1 C_2}{C_1 + C_2}}}$$ （4-17）

（3）电路评价。电容三点式振荡电路的结构简单，输出波形较好，振荡频率较高，可达 100 MHz 以上。调节 C_1 或 C_2 可以改变振荡频率，但同时会影响起振条件，因此，电容三点式振荡电路适用于产生固定频率的振荡。实用中改变频率的办法是在电感 L 两端并联一个可变电容，用来微调频率。

3. 石英晶体振荡电路

通过实物认识石英谐振器，石英谐振器的结构和图形符号如图 4-50 所示。

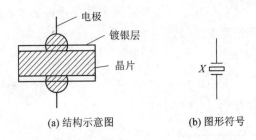

(a) 结构示意图   (b) 图形符号

图 4-50 石英谐振器的结构和图形符号

1）石英晶体的压电效应

如果在石英晶片两个极板间加一个交变电压（电场），晶片就会产生与该交变电压频率相似的机械振动。而晶片的机械振动又会在其两个电极之间产生一个交变电场，这种现象称为压电效应。

2）石英晶体的等效电路

石英晶体的压电谐振等效电路如图 4-51(a)所示，图 4-51(b)是其电抗-频率特性曲线。其中，f_s 为晶体串联谐振频率，f_p 为晶体并联谐振频率。

产生谐振时的振荡频率称为晶体谐振器的振荡频率。

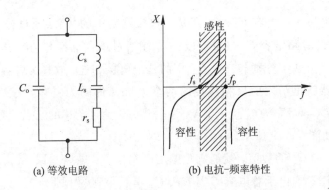

(a) 等效电路   (b) 电抗-频率特性

图 4-51 石英晶体的压电谐振等效电路和电抗-频率特性曲线

由等效电路可知，石英晶体有两个谐振频率，即 R、L、C 串联支路发生谐振时的串联谐振频率 f_s 和 R、L、C 串联支路与 C_0 组成的并联回路发生谐振时的并联谐振频率 f_p。当忽略损耗电阻 R 时，有

$$f_s = \frac{1}{2\pi\sqrt{LC}}$$

$$f_{\mathrm{p}} = \frac{1}{2\pi\sqrt{L\,\dfrac{CC_{\mathrm{o}}}{C+C_{\mathrm{o}}}}} = f_{\mathrm{s}}\sqrt{1+\frac{C}{C_{\mathrm{o}}}} \tag{4-18}$$

由图 4-51(b)所示的石英晶体电抗-频率特性曲线可知，当 $f=f_{\mathrm{s}}$ 时，阻抗为 0，相当于短路；当 $f=f_{\mathrm{p}}$ 时，电路为电阻性，阻抗很高；当 $f_{\mathrm{s}}<f<f_{\mathrm{p}}$ 时，电路为电感性；当 f 在 f_{s} 与 f_{p} 之外，电路则呈电容性。

3）石英晶体振荡电路

石英晶体振荡电路的电路类型有两种，分别为并联型石英晶体振荡电路（见图 4-52）和串联型石英晶体振荡电路（见图 4-53）。

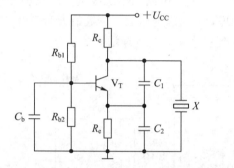 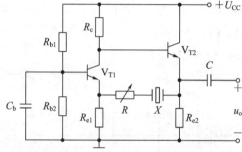

图 4-52　并联型石英晶体振荡电路　　　　图 4-53　串联型石英晶体振荡电路

并联型晶体振荡器实际上是用一个石英晶体代替了电容三点式电路中的电感。石英晶体谐振器在电路中虽然作为电感元件使用，但它的振荡频率主要取决于石英晶体的振荡频率，这时因为石英晶体的等效电容 C 远小于电容 C_1 和 C_2，所以 C_1 和 C_2 对 f_0 的影响是非常小的。

振荡频率为

$$f_0 \approx \frac{1}{2\pi\sqrt{L\,\dfrac{C(C_{\mathrm{o}}+C')}{C+C_{\mathrm{o}}+C'}}} = \frac{1}{2\pi\sqrt{LC}} = f_{\mathrm{s}} \tag{4-19}$$

式(4-9)表明，振荡频率与 C_1 和 C_2 的关系不大，基本上由 f_{s} 决定，因此振荡频率稳定度高。

串联型晶体振荡电路是利用石英晶体谐振器来连接反馈回路和放大电路，石英晶体谐振器在电路中相当于短路。当电路的振荡频率与石英晶体的谐振频率 f_{s} 相等时，石英晶体呈电阻性，而且阻抗最小，放大电路的正反馈最强，相移为零，满足振荡的相位平衡条件，输出正弦波信号。当电路的振荡频率不等于石英晶体的谐振频率 f_{s} 时，石英晶体阻抗增大，且相移不为零，不满足振荡条件，电路不振荡。

任务实施　**正弦波信号发生器的设计**

1. 设计要求

（1）利用集成运算放大器制作 RC 低频正弦波信号发生器。

（2）输出信号频率范围 10 Hz～100 kHz。

（3）输出信号电压幅度可调。

2. 单元电路的原理说明

　　采用集成运算放大器构成正弦波信号发生器的原理图如图 4-54 所示，该电路中使用 TL082 作为集成运算放大器。

　　由图 4-54 可知，正弦波信号发生器由两级构成。第一级是一个 RC 文氏电桥振荡电路，通过双刀四掷开关 S 切换电容进行信号频率的粗调，每挡的频率相差 10 倍。通过双联电位器 R_{P1} 进行信号频率的细调，在该挡频率范围内频率连续可调。R_{P2} 是一个多圈电位器，调节它可以改善波形失真，若将 R_4 改成阻值为 3 kΩ 的电阻，则调节 R_{P2} 时，可以明显看出 RC 桥式电路的起振条件和对波形失真的改善过程。电路的第二级是一个反相比例放大电路，调节电位器 R_{P3} 可以改变输出信号的幅度，本级的电压放大倍数最大为 5 倍，最小为 0 倍，调节 R_{P3} 可以明显看到正弦波信号从无到有直至幅度逐渐增大的情况。

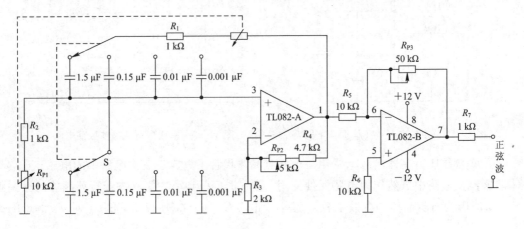

图 4-54　正弦波信号发生器的原理图

　　RC 桥式振荡电路的振荡频率由 $f_0 = \dfrac{1}{2\pi RC}$ 决定。通过计算可知，这个电路能产生的信号频率范围为 10 Hz～100 kHz。

思考与练习题

一、判断题

　　1. 在功率放大电路中，输出功率愈大，功率放大管的功耗愈大。　　　　　　（　　）

　　2. 功率放大电路的最大输出功率是指在基本不失真情况下，负载上可能获得的最大交流功率。　　　　　　　　　　　　　　　　　　　　　　　　　　　　　　　　　（　　）

　　3. 当 OCL 电路的最大输出功率为 1 W 时，功率放大管的集电极最大耗散功率应大于 1 W。　　　　　　　　　　　　　　　　　　　　　　　　　　　　　　　　　　　（　　）

　　4. 功率放大电路与电压放大电路、电流放大电路的共同点是：

　　（1）都使输出电压大于输入电压；　　　　　　　　　　　　　　　　　　　（　　）

　　（2）都使输出电流大于输入电流；　　　　　　　　　　　　　　　　　　　（　　）

（3）都使输出功率大于信号源提供的输入功率。　　　　　　　　　　（　　）

5. 功率放大电路与电压放大电路的区别是

（1）前者比后者电源电压高；　　　　　　　　　　　　　　　　　　（　　）

（2）前者比后者电压放大倍数数值大；　　　　　　　　　　　　　　（　　）

（3）前者比后者效率高；　　　　　　　　　　　　　　　　　　　　（　　）

（4）在电源电压相同的情况下，前者比后者的最大不失真输出电压大。（　　）

6. 功率放大电路与电流放大电路的区别是

（1）前者比后者电流放大倍数大；　　　　　　　　　　　　　　　　（　　）

（2）前者比后者效率高；　　　　　　　　　　　　　　　　　　　　（　　）

（3）在电源电压相同的情况下，前者比后者的输出功率大。　　　　　（　　）

7. 在 RC 桥式正弦波振荡电路中，因为 RC 串并联选频网络作为反馈网络时的 $\varphi_F =$ $0°$，单管共集放大电路的 $\varphi_A = 0°$，满足正弦波振荡的相位条件 $\varphi_A + \varphi_F = 2n\pi$（$n$ 为整数），故合理连接它们可以构成正弦波振荡电路。　　　　　　　　　　　　　（　　）

8. 在 RC 桥式正弦波振荡电路中，若 RC 串并联选频网络中的电阻均为 R，电容均为 C，则其振荡频率 $f_0 = 1/(RC)$。　　　　　　　　　　　　　　　（　　）

9. 电路只要满足 $|\dot{A}\dot{F}| = 1$ 就一定会产生正弦波振荡。　　　　　　（　　）

10. 在 LC 正弦波振荡电路中，不用通用型集成运算放大器作放大电路的原因是其上限截止频率太低。　　　　　　　　　　　　　　　　　　　　　　　（　　）

11. 只要集成运算放大器引入正反馈，就一定工作在非线性区。　　　　（　　）

12. 当集成运算放大器工作在非线性区时，输出电压不是高电平，就是低电平。（　　）

13. 只要电路引入了正反馈，就一定会产生正弦波振荡。　　　　　　　（　　）

14. 凡是振荡电路中的集成运算放大器均工作在线性区。　　　　　　　（　　）

15. 负反馈放大电路不可能产生自激振荡。　　　　　　　　　　　　　（　　）

16. 一般情况下，在电压比较器中，集成运算放大器不是工作在开环状态，就是引入了正反馈。　　　　　　　　　　　　　　　　　　　　　　　　　　　　（　　）

17. 在输入电压从足够低逐渐增大到足够高的过程中，单门限电压比较器和滞回电压比较器的输出电压均只跃变一次。　　　　　　　　　　　　　　　　（　　）

18. 单门限电压比较器比滞回电压比较器抗干扰能力强，而滞回电压比较器比单门限电压比较器灵敏度高。　　　　　　　　　　　　　　　　　　　　　（　　）

二、选择题

1. 在 RC 桥式正弦波振荡电路中，RC 串并联选频网络匹配一个电压放大倍数为（　　）的正反馈放大器时，就可构成正弦波振荡器。

　　A. 略大于 1/3　　　　　　　　B. 略小于 3　　　　　　　　C. 略大于 3

2. 为了减小放大电路对选频特性的影响，使振荡频率仅决定于选频网络。所选用的放大电路应具有尽可能大的输入电阻和尽可能小的输出电阻，通常选用（　　）类型的放大电路。

　　A. 引入电压串联负反馈的放大电路

　　B. 引入电压并联负反馈的放大电路

C. 引入电流串联负反馈的放大电路

3. 振荡电路的初始输入信号来自(　　)。

A. 信号发生器输出的信号　　　B. 电路接通电源时的扰动　　C. 正反馈

4. 现有电路如下:

A. LC 正弦波振荡电路

B. 石英晶体正弦波振荡电路

C. RC 桥式正弦波振荡电路

选择合适答案填入空内,只需填入 A、B 或 C。

(1) 制作频率为 20 Hz～20 kHz 的音频信号发生电路,应选用(　　)。

(2) 制作频率为 2～20 MHz 的接收机的本机振荡器,应选用(　　)。

(3) 制作频率非常稳定的测试用信号源,应选用(　　)。

三、解答题

1. 低通滤波器的一阶、二阶电路有哪些共性和特点?

2. 设计一个中心频率 $f_0 = 1$ kHz,滤波器增益 $A_u = 2$,品质因数 $Q = 6$ 的二阶有源压控低通滤波器。

3. 在图 4-55 所示电路中,已知 $U_{CC} = 16$ V,$R_L = 4$ Ω,V_{T1} 和 V_{T2} 管的饱和管压降 $|U_{CES}| = 2$ V,输入电压足够大。试问:

(1) 最大输出功率 P_{om} 和效率 η 各为多少?

(2) 晶体管的最大功耗 P_{Tmax} 为多少?

(3) 为了使输出功率达到 P_{om},输入电压的有效值约为多少?

4. 在图 4-56 所示电路中,已知 $U_{CC} = 15$ V,V_{T1} 和 V_{T2} 管的饱和管压降 $|U_{CES}| = 2$ V,输入电压足够大。求:

(1) 最大不失真输出电压的有效值;

(2) 负载电阻 R_L 上电流的最大值;

(3) 最大输出功率 P_{om} 和效率 η。

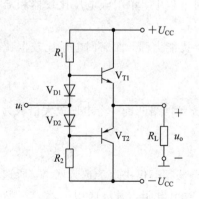

图 4-55　已知电路

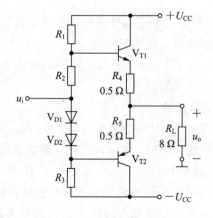

图 4-56　已知电路

项目 5　组合逻辑电路的设计

项 目 概 述

通过本项目的学习，学生可掌握数字信号的基础知识、逻辑代数的基本概念、逻辑函数及其表示方法、逻辑函数的标准形式、逻辑函数的卡诺图化简法、常用逻辑门电路的种类、组合逻辑电路的分析方法和设计方法，掌握编码器、译码器、数据选择器的定义、功能、应用，并学会使用编码器、译码器、数据选择器设计应用电路。

任务 5.1　火灾报警控制系统的设计

任务目标

学习目标：掌握数字信号的数制与码制的概念，掌握逻辑函数的表示形式，掌握分立式门电路的种类及特性，掌握组合逻辑电路的特点和设计方法。

能力目标：具有设计组合逻辑电路的能力。

任务分析

本任务在学习数字信号的基础知识和逻辑代数的基本概念的基础上，要求掌握逻辑函数及其表示方法，掌握逻辑门电路的种类和特性，掌握组合逻辑电路的分析方法，能够完成组合逻辑电路的设计。

知识链接

5.1.1　数字信号的基础知识

在人们生存的社会环境中有各种各样的信号，这些信号有的以电的形式出现，有的以声、光、磁、力等形式出现。目前在信号处理方面以电信号的处理最为方便，技术上也最为成熟。研究电信号的产生与处理的技术就是电子技术。电子技术分为两大部分：其一是模拟电子技术，其二是数字电子技术。从本项目开始，研究的就是数字电子技术部分。电子技术研究的对象是载有信息的电信号（以下简称为信号）。在电子技术中会遇到多种信号，按其特点可以将这些信号分为两大类，即模拟信号与数字信号。

1. 模拟信号与数字信号

模拟信号是指物理量的变化在时间上和数值上都是连续的。通常把表示模拟量的信号称为模拟信号，并把工作在模拟信号下的电路称为模拟电路。如声音、温度、速度等都是模拟量。

数字信号是指物理量的变化在时间上和数值上都是不连续(或称为离散)的。通常把表示数字量的信号称为数字信号，并把工作在数字信号下的电路称为数字电路。如十字路口的交通信号灯、数字式电子仪表、自动生产线上产品数量的统计等都是数字信号。数字信号的特点是突变和不连续。数字电路中的波形都是这类不连续的波形，通常将这类波形统称为脉冲。

2. 脉冲的基本知识

1) 描述脉冲的几个名词

(1) 对于脉冲的波形而言，有脉冲的上升沿与脉冲的下降沿。脉冲波形由低电位跳变到高电位称为脉冲的上升沿；脉冲波形由高电位跳变到低电位称为脉冲的下降沿。

(2) 对于脉冲的变化过程而言，有脉冲的正跳变与负跳变。脉冲波形由低电位跳变到高电位的过程称为脉冲的正跳变；脉冲波形由高电位跳变到低电位的过程称为脉冲的负跳变。

(3) 对于脉冲的极性而言，有正脉冲与负脉冲。如果脉冲出现时的电位比脉冲出现前后的电位值高，则这样的脉冲称为正脉冲。如果脉冲出现时的电位比脉冲出现前后的电位值低，则这样的脉冲称为负脉冲。

(4) 脉冲的前沿与脉冲的后沿。脉冲上升部分称为脉冲的前沿；脉冲下降部分称为脉冲的后沿。

(5) 电平。电平是数字电路中电位的习惯叫法。高电位称为高电平，用 U_H 表示；低电位称为低电平，用 U_L 表示。

2) 矩形脉冲的主要参数

在理想的脉冲波形中，脉冲的上升沿与下降沿都是陡直的，这样的脉冲称为理想的矩形脉冲。

(1) 理想的矩形脉冲可以用以下三个参数来描述：

① 脉冲的幅度：脉冲的底部与脉冲的顶部之间的变化量，用 U_m 表示。

② 脉冲的宽度：从脉冲出现到脉冲消失所用的时间，用 t_W 表示。

③ 脉冲的重复周期：在重复的周期信号中两个相邻脉冲对应点之间的时间间隔，用 T 表示。实际的矩形脉冲往往与理想的矩形脉冲不同，即脉冲的前沿与脉冲的后沿都不是陡直的，如图 5-1 所示。

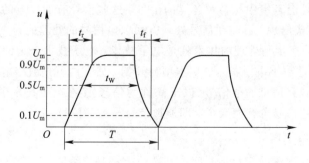

图 5-1　实际的矩形脉冲信号

（2）实际的矩形脉冲可以用以下五个参数来描述：

① 脉冲的幅度 U_m：脉冲的底部与脉冲的顶部之间的变化量。

② 脉冲的宽度 t_W：脉冲前沿的 $0.5U_m$ 与脉冲后沿的 $0.5U_m$ 两点之间的时间间隔，又称为脉冲的持续时间。

③ 脉冲的重复周期 T：在重复的周期信号中两个相邻脉冲对应点之间的时间间隔。

④ 脉冲的上升时间 t_r：指脉冲的上升沿从 $0.1U_m$ 上升到 $0.9U_m$ 所用的时间。

⑤ 脉冲的下降时间 t_f：指脉冲的下降沿从 $0.9U_m$ 下降到 $0.1U_m$ 所用的时间。

5.1.2　数制与码制

1. 数制

数制也称为计数制，是用一组固定的符号和统一的规则来表示数值的方法。任何一个数制都包含两个基本要素，即基数和位权。

计数制有许多种，如二进制、十进制、十六进制、六十进制等。

数字电路中经常使用的数是二进制数。常见的编码是 $8421BCD$ 码。

2. 常用的几种编码

不同的数码不仅可以表示数量的大小，而且可以表示不同的事务。表示不同的事务时，这些数码已经没有数量大小的含义，只是不同事务的代号而已，这些数码称为代码。为了便于记忆和处理，在编制代码时总要遵循一定的规则，这些规则称为码制。用 4 位二进制数码表示 1 位十进制数时，有多种码制。通常把这种用二进制数表示十进制数的方法称为二-十进制编码，简称 BCD 码。因为 4 位二进制数有 16 种状态，而十进制数只需要 10 种，因此从 16 种状态中选择 10 种就有多种组合，这样就有多种编码。表 5.1 中列出了几种常见的 BCD 码，这些 BCD 码有不同的应用场合。

表 5.1　几种常见的 BCD 码

十进制数	8421	2421	5421	余 3 码	格雷码
0	0000	0000	0000	0011	0000
1	0001	0001	0001	0100	0001
2	0010	0010	0010	0101	0011
3	0011	0011	0011	0110	0010
4	0100	0100	0100	0111	0110
5	0101	0101	1000	1000	0111
6	0110	0110	1001	1001	0101
7	0111	0111	1010	1010	0100
8	1000	1110	1011	1011	1100
9	1001	1111	1100	1100	1000
位权	8421	2421	5421	无权	无权

下面介绍十进制数与 8421 码之间的转换方法。

（1）十进制数转换成 8421 码：将每 1 位十进制数用 4 位二进制代码表示，按位转换。例如：

$$(65)_{10} = (0110\ 0101)_{8421BCD}$$

（2）8421 码转换成十进制数：将 8421 码每 4 位分为一组，每一组对应 1 位十进制数。例如：

$$(10010010)_{8421BCD} = (92)_{10}$$

5.1.3　逻辑代数

逻辑代数是一种描述客观事物逻辑关系的数学方法，是英国数学家乔治·布尔（George Boole）于 1847 年首先提出来的，所以又称布尔代数。由于逻辑代数中的变量和常量都只有"0"和"1"两个取值，因此又可以称为二值代数。逻辑代数是研究数字电路的数学工具，是分析和设计逻辑电路的理论基础。逻辑代数研究的内容是逻辑函数与逻辑变量之间的关系。

1. 逻辑代数中的三种基本逻辑关系

1）逻辑代数中的几个问题

（1）逻辑代数中的变量和常量。

逻辑代数与普通代数相似，有变量，也有常量。逻辑代数中的变量用大写英文字母 A，B，C，…表示，称为逻辑变量。每个逻辑变量的取值只有 0 和 1 两种。逻辑代数中的常量只有"0"和"1"两个。

与普通代数不同的是，这里的"0"和"1"不再表示数值的大小，而是代表两种不同的逻辑状态。例如，可以用 1 和 0 表示开关的闭合与断开、信号的有和无、高电平与低电平、是与非等，究竟代表什么意义，要视具体情况而定。

（2）正逻辑和负逻辑的规定。

脉冲信号的高、低电平可以用 1 和 0 来表示。

如果高电平用 1 表示，低电平用 0 表示，则称这种表示方法为正逻辑；如果高电平用 0 表示，低电平用 1 表示，则称这种表示方法为负逻辑。

2）基本逻辑关系

逻辑代数中有与、或、非三种基本逻辑关系，分别对应与、或、非三种基本逻辑运算。

（1）与逻辑。

与逻辑又称为与运算，还可以称为逻辑乘。图 5-2(a)是与逻辑的电路图，图 5-2(b)是与逻辑的符号。

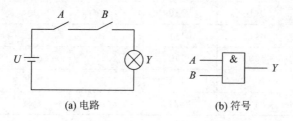

(a) 电路　　　　　　　　(b) 符号

图 5-2　与逻辑的电路和符号

把开关闭合作为条件,把灯亮这件事情作为结果,图 5 - 2(a)说明:只有决定某件事情的所有条件都具备时,结果才会发生。这种结果与条件之间的关系称为与逻辑关系,简称与逻辑,运算符号为"·"。

与逻辑用表达式可以表示为

$$Y=A \cdot B \quad 或 \quad Y=AB \tag{5-1}$$

(2) 或逻辑。

或逻辑又称为或运算,还可以称为逻辑加。图 5 - 3(a)是或逻辑的电路图,图 5 - 3(b)是或逻辑的符号。

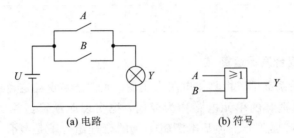

(a) 电路　　　　　　(b) 符号

图 5 - 3　或逻辑的电路和符号

在图 5 - 3(a)所示的电路中,只要有一个(或一个以上)开关闭合,灯亮这件事情就会发生。同样把开关闭合作为条件,把灯亮这件事情作为结果,图 5 - 3(a)说明:在决定某件事情的多个条件中,只要有一个(或一个以上)条件具备,结果就会发生。这种结果与条件之间的关系称为或逻辑关系,简称或逻辑,运算符号为"+"。

或逻辑用表达式可以表示为

$$Y=A+B \tag{5-2}$$

(3) 非逻辑。

非逻辑也称为逻辑求反。图 5 - 4(a)是非逻辑的电路图,图 5 - 4(b)是非逻辑的符号。

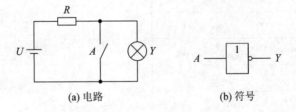

(a) 电路　　　　　　(b) 符号

图 5 - 4　非逻辑的电路和符号

在图 5 - 4(a)所示的电路中,开关断开时,灯亮;开关闭合时,灯不亮。同样把开关闭合作为条件,把灯亮这件事情作为结果,图 5 - 4(a)说明:条件具备时结果不发生,条件不具备时结果才发生。这种结果与条件之间的关系称为非逻辑关系,简称非逻辑。非逻辑用变量上的"‐"表示。非逻辑用表达式可以表示为

$$Y=\overline{A} \tag{5-3}$$

在上面的三种基本逻辑关系中,如果用逻辑变量 A、B 表示两个开关,并且用"1"表示开关闭合,用"0"表示开关断开,用 Y 表示灯的状态,并且用"1"表示灯亮,用"0"表示灯不

亮,则可以列出如表 5.2 所示的三个表格,这些表格称为真值表。

表 5.2　三种基本逻辑关系的真值表

与逻辑			或逻辑			非逻辑	
A	B	Y	A	B	Y	A	Y
0	0	0	0	0	0	0	1
0	1	0	0	1	1	1	0
1	0	0	1	0	1		
1	1	1	1	1	1		

2. 几种常用的复合逻辑运算

三种基本逻辑关系都可以由具体电路来实现。通常把实现与逻辑运算的单元电路称为与门,把实现或逻辑运算的单元电路称为或门,把实现非逻辑运算的单元电路称为非门(或称为反相器)。与、或、非三种基本逻辑运算的合理组合就是复合逻辑运算,与之对应的门电路称为复合逻辑门电路。常用的复合逻辑运算有与非运算、或非运算、异或运算、同或运算等。

1)与非逻辑

与非逻辑是与逻辑和非逻辑的组合。先进行与运算,在与运算的结果之上再进行非运算。与非逻辑的真值表(以二变量为例)如表 5.3 所示。

与非逻辑的逻辑符号如图 5-5 所示。

与非逻辑的表达式为

$$Y=\overline{AB} \tag{5-4}$$

表 5.3　二变量与非逻辑的真值表

A	B	Y
0	0	1
0	1	1
1	0	1
1	1	0

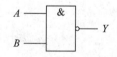

图 5-5　与非逻辑的逻辑符号

2)或非逻辑

或非逻辑是或逻辑和非逻辑的组合。先进行或运算,在或运算的结果之上再进行非运算。或非逻辑的真值表(以三变量为例)如表 5.4 所示。

或非逻辑的逻辑符号如图 5-6 所示。

或非逻辑的表达式为

$$Y=\overline{A+B+C} \tag{5-5}$$

表 5.4　三变量或非逻辑的真值表

A	B	C	Y
0	0	0	1
0	0	1	0
0	1	0	0
0	1	1	0
1	0	0	0
1	0	1	0
1	1	0	0
1	1	1	0

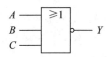

图 5-6　或非逻辑的逻辑符号

3）异或逻辑

异或逻辑的逻辑关系是：当 A、B 两个变量取值不相同时，输出 Y 为 1；而当 A、B 两个变量取值相同时，输出 Y 为 0。异或逻辑的真值表（以三变量为例）如表 5.5 所示。异或逻辑的逻辑符号如图 5-7 所示。

表 5.5　三变量异或逻辑的真值表

A	B	Y
0	0	0
0	1	1
1	0	1
1	1	0

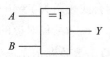

图 5-7　异或逻辑的逻辑符号

异或逻辑的表达式为

$$Y = A \oplus B \tag{5-6}$$

异或逻辑的表达式也可以用与或的形式表示，即

$$Y = A\bar{B} + \bar{A}B \tag{5-7}$$

4）同或逻辑

同或逻辑的逻辑关系是：当 A、B 两个变量取值相同时，输出 Y 为 1；而当 A、B 两个变量取值不相同时，输出 Y 为 0。同或逻辑的真值表（以三变量为例）如表 5.6 所示。同或逻辑的逻辑符号如图 5-8 所示。

表 5.6　三变量同或逻辑的真值表

A	B	Y
0	0	1
0	1	0
1	0	0
1	1	1

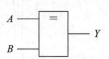

图 5-8　同或逻辑的逻辑符号

同或逻辑的表达式为

$$Y = A \odot B \tag{5-8}$$

3. 基本公式和常用公式

(1) $0 \cdot A = 0$;　　　　　　　　(2) $1 \cdot A = A$;

(3) $A \cdot A = A$;　　　　　　　　(4) $\overline{1} = 0$;

(5) $A \cdot B = B \cdot A$;　　　　　(6) $A \cdot (B \cdot C) = (A \cdot B) \cdot C$;

(7) $A \cdot (B+C) = A \cdot B + A \cdot C$;　(8) $\overline{\overline{A}} = A$;

(9) $\overline{AB} = \overline{A} + \overline{B}$;　　　　　(10) $1 + A = 1$;

(11) $0 + A = A$;　　　　　　(12) $A + A = A$;

(13) $A + B = B + A$;　　　　(14) $A + (B+C) = (A+B)+C$;

(15) $A + BC = (A+B)(A+C)$;　(16) $\overline{A+B} = \overline{A} + \overline{B}$;

(17) $A + \overline{A}B = A + B$;　　　(18) $AB + \overline{A}C + BC = AB + \overline{A}C$。

4. 逻辑函数及其表示方法

1) 逻辑函数的概念

如果将逻辑变量作为输入,将运算结果作为输出,那么当输入变量的取值确定之后,输出的值便被唯一确定下来。这种输出与输入之间的关系就称为逻辑函数关系,简称为逻辑函数,用公式表示为 $Y = F(A, B, C, D, \cdots)$。这里的 $A, B, C, D, \cdots$ 为逻辑变量,Y 为逻辑函数,F 为某种对应的逻辑关系。

2) 逻辑函数的表示方法

任何一个逻辑函数都可以有真值表、逻辑函数式、逻辑图和卡诺图四种表示方法。

(1) 真值表表示法。

真值表是一个表格,是表示逻辑函数的一种方法。真值表的左半部分列出所有变量的取值的组合,真值表的右半部分是在各种变量取值组合下对应的函数的取值。对于一个确定的逻辑函数,它的真值表是唯一的。

列真值表的具体方法是:将输入变量的所有取值组合列在表的左边,分别求出对应的输出的值(即函数值),填在对应的位置上就可以得到该逻辑关系的真值表。

将"举重裁判"的逻辑关系列出真值表,如表 5.7 所示。

表 5.7　"举重裁判"的逻辑关系真值表

A	B	C	Y
0	0	0	0
0	0	1	0
0	1	0	0
0	1	1	1
1	0	0	0
1	0	1	1
1	1	0	1
1	1	1	1

（2）逻辑函数式表示法。

逻辑函数式是将逻辑变量用与、或、非等运算符号按一定规则组合起来表示逻辑函数的一种方法。逻辑函数式是逻辑变量与逻辑函数之间逻辑关系的表达式，简称为表达式。例如，前面讲的三种基本逻辑关系的表达式即为逻辑函数式。再如，"举重裁判"的函数关系可以表示为

$$Y = \overline{A}BC + A\overline{B}C + AB\overline{C} + ABC \tag{5-9}$$

（3）逻辑图表示法。

逻辑图是用逻辑符号表示逻辑函数的一种方法。每一个逻辑符号就是一个最简单的逻辑图。为了画出表示"举重裁判"的逻辑图，用逻辑符号来代替式（5-9）中的运算符号，即可以得到如图 5-9 所示的逻辑图。

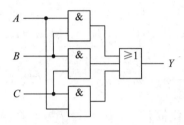

图 5-9　逻辑电路图

（4）卡诺图表示法。

卡诺图（Karnaugh map）是逻辑函数的一种图形表示，由莫里斯·卡诺（Maurice Karnaugh）发明。一个逻辑函数的卡诺图就是把该函数最小项表达式中的各最小项相应地填入一个方格图内，方格图称为卡诺图。

卡诺图的构造特点使卡诺图具有一个重要性质：可以从图形上直观地找出相邻最小项，两个相邻最小项可以合并为一个与项并消去一个变量。利用卡诺图的特点可以化简逻辑函数，具体方法将在 5.1.4 节中详述。

5. 逻辑函数的标准形式

用逻辑函数式表示逻辑函数时，逻辑函数有两种标准形式：其一为最小项之和的形式，其二为最大项之积的形式。在这里我们主要对最小项的概念进行说明。

在 n 个变量的逻辑函数中，如果 m 是包含 n 个变量的乘积项，而且这 n 个变量均以原变量或反变量的形式在 m 中出现且仅出现一次，则称 m 为该组变量的最小项。

例如，在 $Y(A, B, C) = \overline{B}C + \overline{A}BC$ 中，第二项为最小项，第一项中由于没有出现变量 A，所以不是最小项。在逻辑函数的真值表中，输入变量的每一组取值组合都是一个最小项。为了使用方便，需要将最小项进行编号，记作 m_i。编号的方法是：将变量取值组合对应的十进制数作为最小项的编号。二变量的最小项为 $m_0 \sim m_3$，三变量为 $m_0 \sim m_7$，四变量为 $m_0 \sim m_{15}$，以此类推。

最小项有如下性质：

（1）在输入变量的任何取值组合下，必有一个且仅有一个最小项的值为 1。

（2）全体最小项之和为 1。

（3）任意两个最小项的乘积为 0。

（4）具有相邻性的两个最小项之和可以合并成一个乘积项，合并后可以消去一个取值
互补的变量，留下取值不变的变量。

如果一个逻辑函数式的每一项都是最小项，则这个逻辑函数式称为最小项表达式，否
则不是最小项表达式。任何一个逻辑函数都可以表示成最小项之和的标准形式。

【例 5-1】 把逻辑函数 $Y = A\overline{C} + BC + ABC$ 展开成最小项表达式。

解 利用基本公式：

$$A + \overline{A} = 1$$
$$A \cdot 1 = A$$
$$A + A = A$$

可以将任意逻辑函数展开式展开成最小项表达式：

$$
\begin{aligned}
Y &= A(B + \overline{B})\overline{C} + (A + \overline{A})BC + ABC \\
&= AB\overline{C} + A\overline{B}\,\overline{C} + ABC + \overline{A}BC + ABC \\
&= ABC + AB\overline{C} + A\overline{B}\,\overline{C} + \overline{A}BC \\
&= m_7 + m_6 + m_4 + m_3 = \sum m(7, 6, 4, 3)
\end{aligned}
$$

5.1.4 逻辑函数的卡诺图化简法

逻辑函数有四种表示方法，分别是真值表、逻辑函数式、逻辑图和卡诺图。前三种方
法在前面章节中已经讲过，下面介绍逻辑函数的第四种表示方法——卡诺图表示法。

1. 用卡诺图表示逻辑函数

1）空白卡诺图

没有填逻辑函数值的卡诺图称为空白卡诺图，n 变量具有 $2n$ 个最小项，我们把每一个
最小项用一个小方格表示，把这些小方格按照一定的规则排列起来，组成的图形叫作 n 变
量的卡诺图。二变量、三变量、四变量的卡诺图如图 5-10 所示。

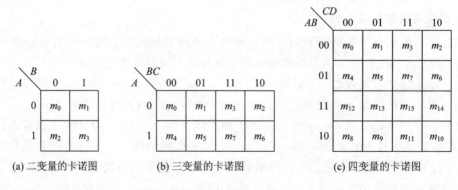

(a) 二变量的卡诺图　　　(b) 三变量的卡诺图　　　(c) 四变量的卡诺图

图 5-10　n 变量的卡诺图

2）逻辑函数的卡诺图

任何逻辑函数都可以填到与之相对应的卡诺图中，称为逻辑函数的卡诺图。确定的逻
辑函数的卡诺图和真值表一样，都是唯一的。

（1）由真值表填卡诺图。

由于卡诺图与真值表一一对应，即真值表的某一行对应着卡诺图的某一个小方格，因此如果真值表中的某一行函数值为 1，则卡诺图中对应的小方格填 1，如果真值表的某一行函数值为 0，则卡诺图中对应的小方格填 0，由此可以得到逻辑函数的卡诺图。

【例 5 - 2】 已知逻辑函数：

$$Y = \overline{A}\,\overline{B}\,\overline{C} + AB + \overline{A}BC$$

画出表示该函数的卡诺图。

解 逻辑函数的真值表如表 5.8 所示。根据对应编号直接填好卡诺图，如图 5 - 11 所示。

表 5.8 逻辑函数 Y 的真值表

A	B	C	Y
0	0	0	1
0	0	1	0
0	1	0	0
0	1	1	1
1	0	0	0
1	0	1	0
1	1	0	1
1	1	1	1

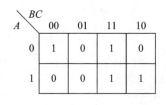

图 5 - 11 逻辑函数 Y 的卡诺图

（2）由逻辑函数表达式填卡诺图。

首先把逻辑函数表达式展开成最小项表达式，然后在每一个最小项对应的小方格内填 1，其余的小方格内填 0，就可以得到该逻辑函数的卡诺图。

待熟练以后可以应用观察法填卡诺图（与由逻辑表达式填真值表的方法相同）。

仍然以例 5 - 2 中的逻辑函数为例：

$$Y = \overline{A}\,\overline{B}\,\overline{C} + AB(C + \overline{C}) + \overline{A}BC$$
$$= \overline{A}\,\overline{B}\,\overline{C} + ABC + AB\overline{C} + \overline{A}BC = m_7 + m_6 + m_3 + m_0$$

在小方格 m_7、m_6、m_3、m_0 中填 1，在其余小方格中填 0，仍然可以得到如图 5 - 11 所示的卡诺图。

如果已知逻辑函数的卡诺图，则可以写出该函数的逻辑表达式。其方法与由真值表写表达式的方法相同，即把逻辑函数值为 1 的那些小方格代表的最小项写出，然后进行或运算，就可以得到与之对应的逻辑表达式。

由于卡诺图与真值表一一对应，所以用卡诺图表示逻辑函数不仅具有用真值表表示逻辑函数的优点，还可以直接用来化简逻辑函数。但是卡诺图也有缺点，如变量较多时使用起来麻烦，所以多于四变量时一般不用卡诺图表示。

2. 用卡诺图化简逻辑函数

1）化简

用卡诺图化简逻辑函数的依据是 $A + \overline{A} = 1$ 和 $A\overline{B} + AB = A$。因为卡诺图中最小项的排列符合相邻性规则，因此可以直接在卡诺图上合并最小项，从而达到化简逻辑函数的目的。

2）合并最小项的规则

（1）如果相邻的两个小方格同时为 1，则可以合并一个两格组（用圈圈起来），合并后可以消去一个取值互补的变量，留下的是取值不变的变量。相邻的情况如图 5-12 所示。

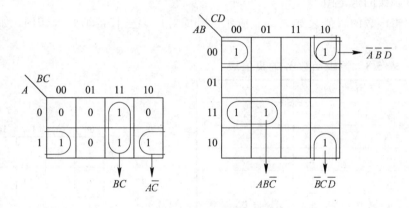

图 5-12　两项相邻的卡诺图

（2）如果相邻的四个小方格同时为 1，则可以合并一个四格组，合并后可以消去两个取值互补的变量，留下的是取值不变的变量。相邻的情况如图 5-13 所示。

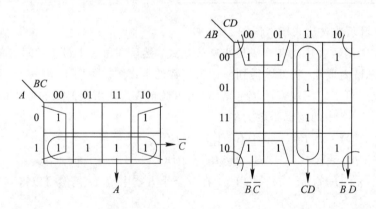

图 5-13　四项相邻的卡诺图

3）画圈的原则

（1）所有的 1 都要被圈到。

（2）圈要尽可能地大。

（3）圈的个数要尽可能地少。

4）用卡诺图化简逻辑函数的步骤

（1）把给定的逻辑函数表达式填到卡诺图中。

（2）找出可以合并的最小项（画圈，一个圈代表一个乘积项）。

（3）写出合并后的乘积项，并写成与或表达式。

5）化简逻辑函数的注意事项

（1）合并最小项的个数只能为 2^n（$n=0$，1，2，3）。

（2）如果卡诺图中填满了 1，则 $Y=1$。

（3）函数值为 1 的格可以重复使用，但是每一个圈中至少有一个 1 未被其他的圈使用过，否则得出的不是最简单的表达式。

【例 5 - 3】　用卡诺图化简逻辑函数：

$$Y=A\overline{B}+AC+BC+AB$$

解　首先画出逻辑函数 Y 的卡诺图，如图 5 - 14 所示。由图 5 - 14 可以看出，可以合并一个四格组和一个二格组，合并后 $Y=A+BC$ 。

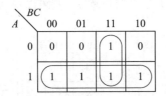

图 5 - 14　逻辑函数 Y 的卡诺图

【例 5 - 4】　化简逻辑函数 $Y(A，B，C，D)=\sum m(0，2，4，7，8，9，10，11)$。

解　此题是逻辑函数的最小项表示法，表达式中出现的最小项对应的小方格填 1，其余小方格填 0，得到逻辑函数的卡诺图如图 5 - 15 所示。合并两个四格组、一个二格组和一个孤立的 1。合并后为 $Y=\overline{B}\,\overline{D}+A\overline{B}+\overline{A}C\overline{D}+\overline{A}BCD$ 。

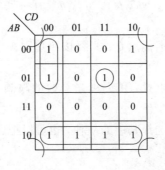

图 5 - 15　逻辑函数 Y 的卡诺图

6）具有任意项的逻辑函数的化简

n 个变量有 2^n 种取值组合。但是在实际应用中常常会遇到这样的情况：有一些变量组合实际上不可能出现。

例如，用二进制代码表示十进制数的时候，需要用四位二进制代码表示一位十进制数，而四位二进制代码有 $2^4=16$ 种状态，只用其中十种组合表示十个数字，其余六种组合根本不使用。这些根本不可能出现的变量组合称为约束项，或称为任意项，用"×"表示。"任意项"的意思是说，"×"可以看作 0，也可以看作 1。

由于"×"的取值对函数的值没有影响，所以可以利用任意项化简逻辑函数，从而得到最简单的逻辑函数表达式。

由于每一组变量的取值组合都会使唯一的一个最小项的值为 1，因此当某些变量的取值组合不可能出现时（即任意项），我们可以用这些最小项等于 0 米表示。这仅仅是一种表示方法。例如，8421BCD 码中用四个变量 A、B、C、D 的取值组合表示十进制数时，仅使用 0000～1001 这十种变量取值组合，而 1010～1111 不可能出现。这六种变量取值组合就是任意项，可以表示为

$$A\overline{B}C\overline{D}+A\overline{B}CD+AB\overline{C}\overline{D}+AB\overline{C}D+ABC\overline{D}+ABCD=0$$

【例 5 - 5】 化简逻辑函数 $Y=\sum m(1,2,7,8)$，任意项为 $m_0+m_3+m_4+m_5+m_6+m_{10}+m_{11}+m_{15}=0$。

解 画出逻辑函数 Y 的卡诺图，如图 5 - 16 所示。由图 5 - 16 可以看出，如果不利用任意项，则该逻辑函数不能化简；如果利用任意项，则可以得到最简单的表达式 $Y=\overline{A}+\overline{B}\,\overline{D}$。

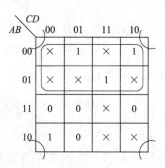

图 5 - 16　逻辑函数 Y 的卡诺图

注意：利用的任意项如 m_0、m_3、m_4、m_5、m_6、m_{10} 要看成 1；未利用的任意项如 m_{11}、m_{15} 要看成 0。

利用卡诺图化简逻辑函数的优点是：只要按照规则去做，就一定能够得到最简单的表达式。缺点是：受变量个数的限制。

公式法化简逻辑函数的优点是：不受变量个数的限制。缺点是：试探性较强，有时不能判断是否化简到了最简。

在实际化简的过程中可以选择其中的一种，也可以把二者结合起来使用。

5.1.5　逻辑门电路

门电路是用以实现逻辑关系的电子电路，与前面所讲过的基本逻辑关系相对应，常用的门电路主要有与门、或门、非门、与非门、或非门、异或门等。

门电路包括分立元件构成的门电路和集成的门电路。分立元件门电路结构简单，但性能较差，目前多用作集成电路内部的逻辑单元。集成门电路种类比较多，功能也比分立元件门电路强，使用方便，应用广泛。

1. 分立元件门电路

1）与门

由二极管组成的与门电路如图 5 - 17 所示，图（a）为逻辑电路图，图（b）为逻辑符号。

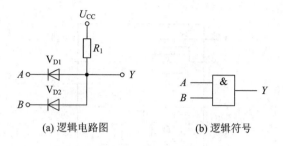

图 5-17　二极管组成的与门电路

2）或门

由二极管组成的或门电路如图 5-18 所示，图(a)为逻辑电路图，图(b)为逻辑符号。

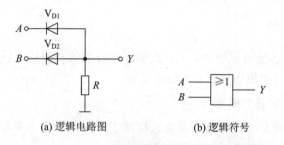

图 5-18　二极管组成的或门电路

3）三极管非门

由三极管组成的非门电路如图 5-19 所示，图(a)为逻辑电路图，图(b)为逻辑符号。

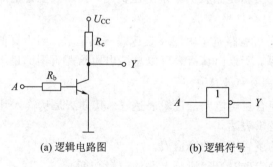

图 5-19　三极管非门电路

2. TTL 集成门电路

在集成门电路中，将逻辑电路的元件和连线都制作在一块半导体基片上，然后封装起来。集成门电路若内部输入、输出级都采用晶体三极管，称为晶体管－晶体管逻辑（Transistor Transistor Logic，TTL）电路。TTL 具有开关速度较高，带负载能力较强的优点，但由于这种电路的功耗大，线路较复杂，因此其集成度受到了一定的限制，广泛应用于中小规模逻辑电路中。

74LS00 是 4 组 2 输入端与非门（正逻辑），其引脚排列图如图 5-20 所示。其中，引脚 1、2、4、5、9、10、12、13 为输入端；引脚 3、6、8、11 为输出端；引脚 7 为接地端；引脚 14

为 V_{CC}。

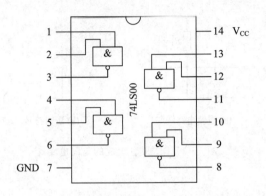

图 5 - 20　TTL 集成门电路引脚图

5.1.6　组合逻辑电路

根据电路的逻辑功能和结构的不同，数字电路分为组合逻辑电路和时序逻辑电路两大类。下面介绍的是组合逻辑电路，简称组合电路。

1. 组合逻辑电路的基本概念

在逻辑电路中，任意时刻的输出状态只取决于该时刻的输入状态，而与输入信号作用之前电路的状态无关，这种电路称为组合逻辑电路。

2. 组合逻辑电路的分析方法

1）组合逻辑电路的分析目的

对组合逻辑电路的分析是指根据给定的逻辑图，找出或验证电路的逻辑功能。

2）组合逻辑电路的分析思路

组合逻辑电路的分析思路是逻辑图→表达式→真值表。因为真值表最能体现逻辑函数与逻辑变量之间的关系，所以由真值表可以总结出所给逻辑图的逻辑功能。

3）组合逻辑电路的分析步骤

（1）写出给定的组合逻辑电路的逻辑表达式。其方法是从输入到输出逐级写出。

（2）化简或变换逻辑表达式。

（3）做出最简单的逻辑函数的真值表。

（4）根据真值表确定（或验证）所给电路的逻辑功能。

【例 5 - 6】　分析图 5 - 21 的逻辑功能。

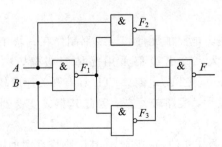

图 5 - 21　逻辑电路图

（1）首先根据给定的逻辑图从输入端逐级写出逻辑表达式，即

$$F_1=\overline{AB},\ F_2=\overline{F_1A},\ F_3=\overline{F_1B}$$

$$F=\overline{F_2F_3}=\overline{\overline{F_1A}\ \overline{F_1B}}=F_1A+F_1B=\overline{AB}A+\overline{AB}B$$

（2）化简逻辑函数，即

$$F=\overline{AB}(A+B)=(\overline{A}+\overline{B})(A+B)=\overline{A}B+A\overline{B}$$

（3）列出真值表。根据化简以后的逻辑函数式，列出输入、输出关系的真值表，如表5.9所示。

表 5.9　输入、输出关系的真值表

A　　B	F
0　　0	0
0　　1	1
1　　0	1
1　　1	0

（4）分析逻辑函数功能。根据真值表分析逻辑函数的功能。由真值表可得：当 A、B 取值相同时，输出 F 的值为 0；当 A、B 取值不同时，输出 F 的值为 1。因此，此逻辑函数实现的是异或功能。

分析逻辑函数的功能关键在于找到输入和输出间的逻辑关系。对于比较简单或比较熟悉的逻辑函数，可以直接从表达式知道函数功能，而对于比较复杂或不熟悉的逻辑函数，往往要根据真值表分析其功能。

3. 组合逻辑电路的设计方法

组合逻辑电路的设计是组合逻辑电路分析的逆过程，即根据给定的逻辑功能设计出能够实现这些功能的最简或最佳逻辑电路。

组合逻辑电路的设计步骤如下：

（1）对给定的实际问题进行逻辑抽象，确定输入、输出变量并进行状态赋值，即确定 0 和 1 代表的意义。

（2）根据题意列出真值表。

（3）根据真值表画出卡诺图。

（4）利用卡诺图法对表达式进行化简，得到最简表达式。

（5）根据卡诺图确定的表达式或者将表达式转换为需要的某种形式后，画出逻辑图。

【例 5-7】　设计一个 3 人表决电路，每人一个按键，如果同意则按下，不同意则不按，且 3 个人中有一人拥有否决权。结果用指示灯表示，指示灯亮表明所需表决事件通过，不亮表明表决事件没有获得通过。

解　（1）进行逻辑抽象，有 3 个按键说明有 3 个输入变量，设为 A、B、C，设 B 有否决权，且按键按下时为 1，不按下时为 0。输出变量为 F，事件表决获得通过灯亮，此状态设为 1，反之设为 0。

（2）根据题意列出真值表，如表 5.10 所示。

表 5.10　真　值　表

A	B	C	F
0	0	0	0
0	0	1	0
0	1	0	0
0	1	1	1
1	0	0	0
1	0	1	0
1	1	0	1
1	1	1	1

（3）根据真值表画出卡诺图并进行化简，如图 5-22 所示，可得 $F=AB+BC$。

（4）画逻辑图。根据表达式画出逻辑电路图，如图 5-23 所示。

如果要求用与非门实现逻辑电路，则还需把所得的与或表达式转换成与非式的形式，即

$$F=AB+BC=\overline{\overline{AB+BC}}=\overline{\overline{AB}\ \overline{BC}}$$

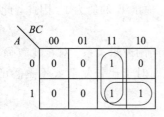

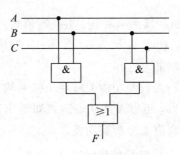

　　图 5-22　卡诺图化简过程　　　　　　图 5-23　或门逻辑电路图

（5）根据表达式可画出与非门组成的逻辑电路图，如图 5-24 所示。

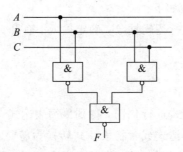

图 5-24　与非门逻辑电路图

任务实施　火灾报警控制系统的设计

　　在本节中，设计一个火灾报警控制系统。该系统设有烟感、光感和热感 3 个感应器，为了防止误报警，要求当其中两种或两种以上感应器启动时，系统发出报警信号。

　　（1）由设计需求进行逻辑抽象。设烟感为 A，光感为 B，热感为 C，报警输出为 F。若

烟感应器启动，则 $A=1$，否则 $A=0$；若光感应器启动，则 $B=1$，否则 $B=0$；若热感应器启动，则 $C=1$，否则 $C=0$；若有报警发出，则 $F=1$，否则 $F=0$。

（2）由题意列出真值表，如表 5.11 所示。

表 5.11　案例真值表

A	B	C	F
0	0	0	0
0	0	1	0
0	1	0	0
0	1	1	1
1	0	0	0
1	0	1	1
1	1	0	1
1	1	1	1

（3）根据真值表画出卡诺图并进行化简，如图 5-25 所示。

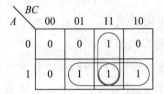

图 5-25　卡诺图化简过程

（4）由卡诺图可得表达式如下：

$$F=AB+AC+BC=\overline{\overline{AB}\ \overline{AC}\ \overline{BC}}$$

（5）根据表达式可画出与非门组成的逻辑电路图，如图 5-26 所示。

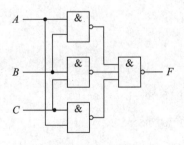

图 5-26　与非门逻辑电路图

此设计使用一片 74LS00 和一片 74LS20 即可实现。

任务 5.2　编译码显示电路的设计

任务目标

学习目标：掌握编码器的作用及应用，掌握译码器的作用及应用，掌握数据选择器的作用及应用,掌握编译显示电路的设计方法。

能力目标:能够利用编码器、译码器、数据选择器等中规模器件设计组合逻辑电路。

任务分析

本任务在掌握编码器、译码器、数据选择器等中规模器件的基础上,利用函数变换的方法灵活完成具有一定功能的组合逻辑电路设计。

知识链接

5.2.1　编码器

所谓编码,就是赋予选定的一系列二进制代码以固定的含义。能够实现编码功能的逻辑部件称为编码器。

1. 二进制编码器

将一系列信号状态编制成二进制代码的逻辑部件称为二进制编码器。一般而言,N 个不同的信号,至少需要 n 位二进制数编码。N 和 n 之间满足下列关系:$2^n \geqslant N$。

用或门组成三位二进制编码器的步骤如下:

(1) 三位二进制编码器即为 8 线-3 线编码器,有 8 个输入端,设为 $I_0 \sim I_7$,与之对应的输出设为 F_2、F_1、F_0,共三位二进制数。列出其真值表(见表 5.12),信号高电平有效。

表 5.12　真值表

输入								输出		
I_0	I_1	I_2	I_3	I_4	I_5	I_6	I_7	F_2	F_1	F_0
1	0	0	0	0	0	0	0	0	0	0
0	1	0	0	0	0	0	0	0	0	1
0	0	1	0	0	0	0	0	0	1	0
0	0	0	1	0	0	0	0	0	1	1
0	0	0	0	1	0	0	0	1	0	0
0	0	0	0	0	1	0	0	1	0	1
0	0	0	0	0	0	1	0	1	1	0
0	0	0	0	0	0	0	1	1	1	1

(2) 根据真值表写出表达式并进行化简:

$$F_2 = I_4 + I_5 + I_6 + I_7$$
$$F_1 = I_2 + I_3 + I_6 + I_7$$
$$F_0 = I_1 + I_3 + I_5 + I_7$$

(3) 根据表达式画出逻辑图,如图 5-27 所示。

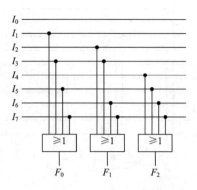

图 5 - 27　逻辑电路图

2. 二-十进制编码器

将十个状态(对应于十进制的十个代码)编制成 BCD 码,真值表如表 5.13 所示。

表 5.13　真 值 表

输入										输出			
I_0	I_1	I_2	I_3	I_4	I_5	I_6	I_7	I_8	I_9	F_3	F_2	F_1	F_0
0	1	1	1	1	1	1	1	1	1	0	0	0	0
1	0	1	1	1	1	1	1	1	1	0	0	0	1
1	1	0	1	1	1	1	1	1	1	0	0	1	0
1	1	1	0	1	1	1	1	1	1	0	0	1	1
1	1	1	1	0	1	1	1	1	1	0	1	0	0
1	1	1	1	1	0	1	1	1	1	0	1	0	1
1	1	1	1	1	1	0	1	1	1	0	1	1	0
1	1	1	1	1	1	1	0	1	1	0	1	1	1
1	1	1	1	1	1	1	1	0	1	1	0	0	0
1	1	1	1	1	1	1	1	1	0	1	0	0	1

由功能表可得出与或表达式。若要求用与非门实现,则需转换成与非式,其方法是对与或式两次取反,即有

$$F_3 = \overline{I_8} + \overline{I_9} = \overline{\overline{\overline{I_8} + \overline{I_9}}} = \overline{I_8 I_9}$$

$$F_2 = \overline{I_4} + \overline{I_5} + \overline{I_6} + \overline{I_7} = \overline{\overline{\overline{I_4} + \overline{I_5} + \overline{I_6} + \overline{I_7}}} = \overline{I_4 I_5 I_6 I_7}$$

$$F_1 = \overline{I_2} + \overline{I_3} + \overline{I_6} + \overline{I_7} = \overline{\overline{\overline{I_2} + \overline{I_3} + \overline{I_6} + \overline{I_7}}} = \overline{I_2 I_3 I_6 I_7}$$

$$F_0 = \overline{I_1} + \overline{I_3} + \overline{I_5} + \overline{I_7} + \overline{I_9}$$

$$= \overline{\overline{\overline{I_1} + \overline{I_3} + \overline{I_5} + \overline{I_7} + \overline{I_9}}} = \overline{I_1 I_3 I_5 I_7 I_9}$$

逻辑图如图 5 - 28 所示。

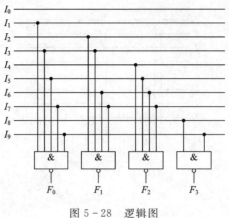

图 5-28　逻辑图

3. 优先编码器 74LS148

优先编码器允许同时输入两个以上信号，并按优先级输出。

（1）优先编码器 74LS148 的引脚如图 5-29 所示。

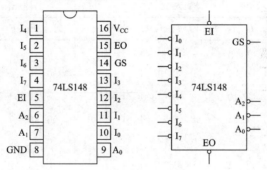

图 5-29　优先编码器 74LS148 的引脚

（2）74LS148 的内部电路如图 5-30 所示。

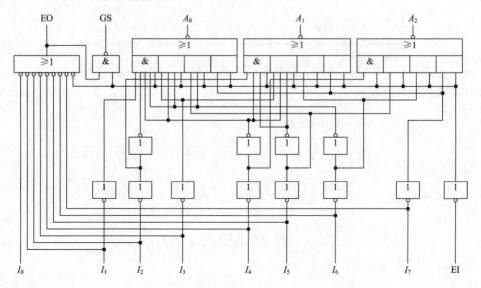

图 5-30　优先编码器 74LS148 的内部电路图

（3）74LS148 的真值表如表 5.14 所示。

表 5.14　74LS148 的真值表

输　入									输　出				
EI	I_0	I_1	I_2	I_3	I_4	I_5	I_6	I_7	A_2	A_1	A_0	GS	EO
1	×	×	×	×	×	×	×	×	1	1	1	1	1
0	1	1	1	1	1	1	1	1	1	1	1	1	0
0	×	×	×	×	×	×	×	0	0	0	0	0	1
0	×	×	×	×	×	×	0	1	0	0	1	0	1
0	×	×	×	×	×	0	1	1	0	1	0	0	1
0	×	×	×	×	0	1	1	1	0	1	1	0	1
0	×	×	×	0	1	1	1	1	1	0	0	0	1
0	×	×	0	1	1	1	1	1	1	0	1	0	1
0	×	0	1	1	1	1	1	0	1	1	0	0	1
0	0	1	1	1	1	1	1	1	1	1	1	0	1

（4）信号介绍。

① 控制信号。

EI 为使能输入端。当 EI＝0 时，电路允许编码；当 EI＝1 时，电路禁止编码，输出均为高电平，称为封锁状态。

EO 和 GS 为使能输出端和优先标志输出端，主要用于级联和扩展，两者配合使用。当 EO＝0，GS＝0 时，标志可编码，但输入信号处于无效状态，无码可编；当 EO＝1，GS＝0 时，标志允许编码，并且正在编码；当 EO＝GS＝1 时，标志禁止编码。

② 输入信号端。

$I_0 \sim I_7$ 为信号输入端，低电平有效，I_7 的优先级别最高，并依次降低。

③ 输出信号端。

$A_2 \sim A_0$ 为信号输出端，三位二进制输出是以反码形式对输入信号的编码，或者称为低电平有效。

5.2.2　译码器

译码是编码的逆过程，是指将某个二进制代码翻译成电路的某种状态，即将输入代码转换成特定的输出信号。

1. 二进制译码器

二进制译码器用于将 n 种输入的组合译成 2^n 种电路状态，也叫 n 线-2^n 线译码器。

译码器的输入：一组二进制代码。

译码器的输出：一组高低电平信号。

（1）二进制集成译码器 74LS138 的引脚。

74LS138 是 3 线-8 线全译码器，按照三位输入码和使能输入条件，从 8 个输出端中译出一个低电平输出，可用于高性能的存储译码或要求传输延迟时间短的数据传输系统。

集成译码器 74LS138 的引脚如图 5-31 所示。

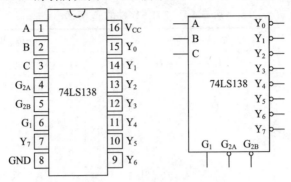

图 5-31 74LS138 的引脚

(2) 74LS138 的内部电路如图 5-32 所示。

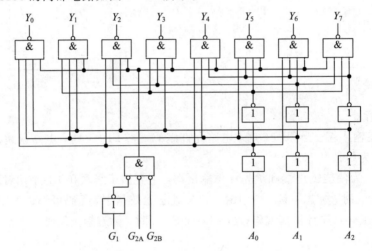

图 5-32 74LS138 的内部电路图

(3) 74LS138 的真值表如表 5.15 所示。

表 5.15 74LS138 真值表

输　入						输　出							
G_1	G_{2A}	G_{2B}	A_0	A_1	A_2	Y_0	Y_1	Y_2	Y_3	Y_4	Y_5	Y_6	Y_7
$\times$	1	$\times$	$\times$	$\times$	$\times$	1	1	1	1	1	1	1	1
$\times$	$\times$	1	$\times$	$\times$	$\times$	1	1	1	1	1	1	1	1
0	$\times$	$\times$	$\times$	$\times$	$\times$	1	1	1	1	1	1	1	1
1	0	0	0	0	0	0	1	1	1	1	1	1	1
1	0	0	0	0	1	1	0	1	1	1	1	1	1
1	0	0	0	1	0	1	1	0	1	1	1	1	1
1	0	0	0	1	1	1	1	1	0	1	1	1	1
1	0	0	1	0	0	1	1	1	1	0	1	1	1
1	0	0	1	0	1	1	1	1	1	1	0	1	1
1	0	0	1	1	0	1	1	1	1	1	1	0	1
1	0	0	1	1	1	1	1	1	1	1	1	1	0

（4）74LS138 的逻辑输出：

$$Y_0 = \overline{\overline{A_2}\,\overline{A_1}\,\overline{A_0}} = \overline{m_0}$$

$$Y_1 = \overline{\overline{A_2}\,\overline{A_1}A_0} = \overline{m_1}$$

$$Y_2 = \overline{\overline{A_2}A_1\overline{A_0}} = \overline{m_2}$$

$$Y_3 = \overline{\overline{A_2}A_1A_0} = \overline{m_3}$$

$$Y_4 = \overline{A_2\overline{A_1}\,\overline{A_0}} = \overline{m_4}$$

$$Y_5 = \overline{A_2\overline{A_1}A_0} = \overline{m_5}$$

$$Y_6 = \overline{A_2A_1\overline{A_0}} = \overline{m_6}$$

$$Y_7 = \overline{A_2A_1A_0} = \overline{m_7}$$

由以上式子可知，74LS138 的输出 $Y_0 \sim Y_7$ 刚好是三个变量 A_1、A_2、A_3 的全部最小项，所以 74LS138 译码器又称为最小项译码器。

2. 二-十进制译码器 74LS42

二-十进制译码器的逻辑功能是将输入的一位 BCD 码的 10 个代码译成 10 个高、低电平输出信号。输入 BCD 码（0000～1001），输出的 10 个信号分别与十进制数的 10 个数字相对应。

二进制集成译码器 74LS42 的引脚如图 5-33 所示。

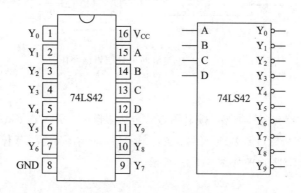

图 5-33　74LS42 的引脚

3. 译码器的应用

译码器用来实现组合逻辑电路。

【例 5-8】　试用译码器和门电路实现逻辑函数 $L = AB + BC + AC$。

解　将逻辑函数转换成最小项表达式，再转换成与非-与非形式，即

$$L = \overline{A}BC + A\overline{B}C + AB\overline{C} + ABC$$
$$= m_3 + m_5 + m_6 + m_7$$

用一片 74LS138 加一个与非门就可实现该逻辑函数，如图 5-34 所示。

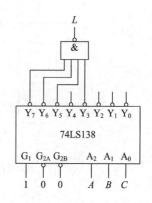

图 5-34　与非门逻辑电路图

【例 5 - 9】 设计一个多输出的组合逻辑电路，输出逻辑函数值为

$$Z_1 = A\overline{C} + \overline{A}BC + A\overline{B}C = \sum m(3, 4, 5, 6)$$

$$Z_2 = BC + \overline{A}\,\overline{B}C = \sum m(1, 3, 7)$$

$$Z_3 = \overline{A}B + A\overline{B}C = \sum m(2, 3, 5)$$

$$Z_4 = \overline{A}B\overline{C} + \overline{B}\,\overline{C} + ABC = \sum m(0, 2, 4, 7)$$

解 根据逻辑函数设计的多输出的组合逻辑电路图如图 5 - 35 所示。

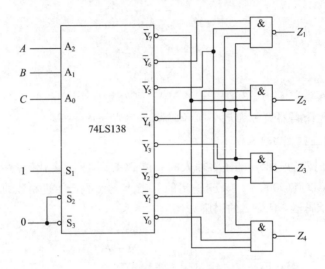

图 5 - 35 多输出的组合逻辑电路图

4. 显示译码器

常用的数字显示器有多种类型，按显示方式分为点阵式、分段式等；按发光物质分为半导体显示器(又称发光二极管(LED)显示器)、荧光显示器、液晶显示器、气体放电管显示器等。

(1) 7 段数字显示器原理如图 5 - 36 所示。

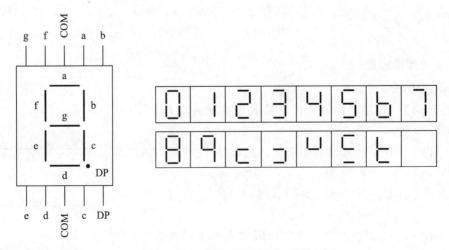

图 5 - 36 7 段数字显示器原理图

（2）显示译码器的共阳极和共阴极接法如图 5-37 所示。

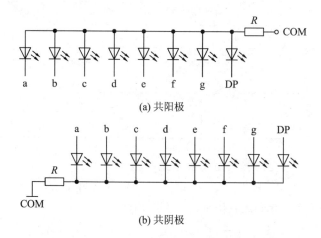

(a) 共阳极

(b) 共阴极

图 5-37 显示译码器的共阳极和共阴极接法

5.2.3 数据选择器

1. 数据选择器的基本概念及工作原理

数据选择器的原理是：根据地址选择码从多路输入数据中选择一路，送到输出，如图 5-38 所示。

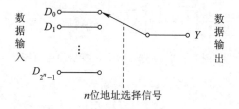

图 5-38 数据选择器

2. 4 选 1 数据选择器

（1）数据选择器的真值表如表 5.16 所示。

表 5.16 数据选择器的真值表

输　入			输　出
G	A_1　A_0	D_3　D_2　D_1　D_0	Y
1	×　×	×　×　×　×	0
0	0　0	×　×　×　0	0
		×　×　×　1	1
	0　1	×　×　0　×	0
		×　×　1　×	1

续表

输　入			输　出
G	$A_1\quad A_0$	$D_3\quad D_2\quad D_1\quad D_0$	Y
0	1　　0	$\times\quad 0\quad \times\quad \times$	0
		$\times\quad 1\quad \times\quad \times$	1
	1　　1	$0\quad \times\quad \times\quad \times$	0
		$1\quad \times\quad \times\quad \times$	1

（2）根据真值表，可写出输出逻辑表达式：

$$Y=(\overline{A_1}\,\overline{A_0}D_0+\overline{A_1}A_0D_1+A_1\,\overline{A_0}D_2+A_1A_0D_3)\cdot\overline{G}$$

（3）4 选 1 数据选择器的逻辑图如图 5-39 所示。

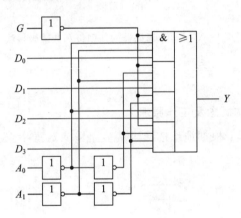

图 5-39　4 选 1 数据选择器的逻辑图

3. 集成数据选择器

（1）集成数据选择器的引脚图如图 5-40 所示。

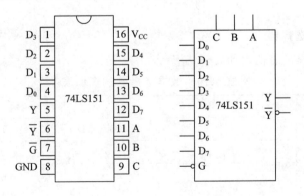

图 5-40　集成数据选择器的引脚

（2）8 选 1 数据选择器的功能表。8 选 1 数据选择器是多路数据选择器的一种，该种数据选择器可以根据需要从 8 路数据传送中选出 1 路电路进行信号切换。8 选 1 数据选择器的型号为 74151、74LS151、74251 和 74LS152 等几种。8 选 1 数据选择器的真值表如表

5.17所示。

表 5.17 8 选 1 数据选择器真值表

D	A	B	C	Y
D_0	0	0	0	D_0
D_1	0	0	1	D_1
D_2	0	1	0	D_2
D_3	0	1	1	D_3
D_4	1	0	0	D_4
D_5	1	0	1	D_5
D_6	1	1	0	D_6
D_7	1	1	1	D_7

4. 数据选择器应用功能的扩展

【例 5 - 10】 试用 8 选 1 数据选择器 74LS151 实现逻辑函数：

$$L = AB + BC + AC$$

解 将逻辑函数转换成最小项表达式：

$$L = \overline{A}BC + A\overline{B}C + AB\overline{C} + ABC$$
$$= m_3 + m_5 + m_6 + m_7$$

实现组合逻辑函数的电路如图 5 - 41 所示。

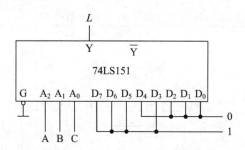

图 5 - 41 实现组合逻辑函数的电路

任务实施 编译码显示电路的设计

1. 设计要求

（1）采用数码管显示。

（2）采用优先编码器进行编码处理。

（3）采用译码器进行译码处理。

（4）能正确显示优先者信息。

2. 单元电路的原理说明

10 线 - 4 线优先编码器 74LS147 将 8 种不同信号进行编码，74LS04 将编完的码进行反相，反相后的 8 组码经过显示驱动电路后经限流电阻接到 8 段数码管上。

1）74LS147

74LS147 优先编码器有 9 个输入端和 4 个输出端。某个输入端为 0，代表输入某一个十进制数。当 9 个输入端全为 1 时，代表输入的是十进制数 0。4 个输出端反映输入十进制数的 BCD 码编码输出。

74LS147 的真值表如表 5.18 所示，引脚图如图 5-42 所示。74LS147 优先编码器的输入端和输出端都是低电平有效，即当某一个输入端为低电平 0 时，4 个输出端就以低电平 0 输出其对应的 8421BCD 编码。当 9 个输入全为 1 时，4 个输出也全为 1，代表输入十进制数 0 的 8421BCD 编码输出。

表 5.18　74LS147 的真值表

输 入									输 出			
1	2	3	4	5	6	7	8	9	D	C	B	A
H	H	H	H	H	H	H	H	H	H	H	H	H
×	×	×	×	×	×	×	×	L	L	H	H	L
×	×	×	×	×	×	×	L	H	L	H	H	H
×	×	×	×	×	×	L	H	H	H	L	L	L
×	×	×	×	×	L	H	H	H	H	L	L	H
×	×	×	×	L	H	H	H	H	H	L	H	L
×	×	×	L	H	H	H	H	H	H	L	H	H
×	×	L	H	H	H	H	H	H	H	H	L	L
×	L	H	H	H	H	H	H	H	H	H	L	H
L	H	H	H	H	H	H	H	H	H	H	H	L

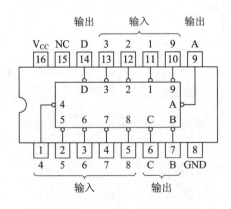

图 5-42　74LS147 的引脚图

2）74LS04

74LS04 是带有 6 个非门的芯片，是六输入反相器，也就是有 6 个反相器，它的输出信号与输入信号的相位相反。6 个反相器共用电源端和接地端，其他都是独立的。输出信号驱动负载的能力也有一定程度的放大。

反相器可以将输入信号的相位反转 180°，这种电路主要应用在模拟电路（例如音频放大、时钟振荡器等)中。在电子线路设计中,经常要用到反相器。

74LS04 的引脚图如图 5-43 所示,真值表如表 5.19 所示。

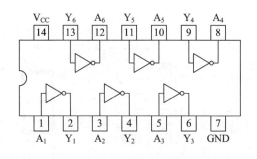

图 5-43   74LS04 的引脚图

表 5.19   74LS04 的真值表

输入	输出
A	Y
L	H
H	L

3) 显示译码器 74LS48

7 段显示译码器 74LS48 是输出高电平有效的译码器。74LS48 除了有实现 7 段显示译码器基本功能的输入(D、C、B、A)和输出($Y_a \sim Y_g$)端外,还引入了灯测试输入端($\overline{LT}$)和动态灭零输入端($\overline{RBI}$),以及既有输入功能又有输出功能的消隐输入/动态灭零输出($\overline{BI/RBO}$)端。74LS48 的引脚图如图 5-44 所示,真值表如表 5.20 所示。

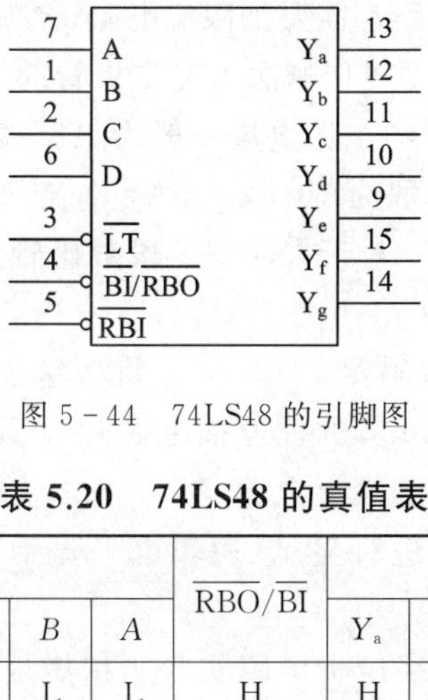

图 5-44   74LS48 的引脚图

表 5.20   74LS48 的真值表

十进制	输入						$\overline{RBO/BI}$	输出						
	$\overline{LT}$	$\overline{RBI}$	D	C	B	A		Y_a	Y_b	Y_c	Y_d	Y_e	Y_f	Y_g
0	H	H	L	L	L	L	H	H	H	H	H	H	H	L
1	H	×	L	L	L	H	H	L	H	H	L	L	L	L
2	H	×	L	L	H	L	H	H	H	L	H	H	L	H
3	H	×	L	L	H	H	H	H	H	H	H	L	L	H
4	H	×	L	H	L	L	H	L	H	H	L	L	H	H
5	H	×	L	H	L	H	H	H	L	H	H	L	H	H
6	H	×	L	H	H	L	H	L	L	H	H	H	H	H
7	H	×	L	H	H	H	H	H	H	H	L	L	L	L
8	H	×	H	L	L	L	H	H	H	H	H	H	H	H
9	H	×	H	L	L	H	H	H	H	H	L	L	H	H

　　4）总电路图

　　编译码显示器的总电路图如图 5-45 所示。

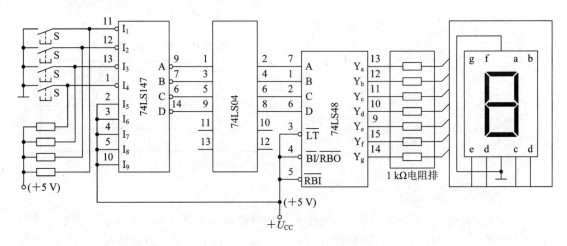

图 5-45　编译码显示器的总电路图

3. 整机电路的安装调试

　　共阴极、共阳极 7 段显示电路都需要加限流电阻，否则通电后就会把 7 段译码管烧坏。限流电阻的选取方法是：5 V 电源电压减去发光二极管的工作电压除以 10～15 mA 即为限流电阻的取值范围。发光二极管的工作电压一般为 1.8～2.2 V，为计算方便，通常选 2 V 即可。发光二极管的工作电流选取为 10～20 mA，电流选小了，7 段数码管不太亮；选大了，工作时间长了发光管易烧坏。对于大功率 7 段数码管，可根据实际情况来选取限流电阻，这里选用 1 kΩ。

　　（1）调试 10 线-4 线优先编码器 74LS147。将数字逻辑电路实验箱扩展板插在实验箱相应位置并固定好，找一个 16 脚的插座插上芯片 74LS147，并在 16 脚插座的第 8 脚接上实验箱的地（GND），第 16 脚接上电源（V_{CC}），8 个输入端 $I_0 \sim I_7$ 接拨位开关（逻辑电平输出），输出端接发光二极管进行显示（逻辑电平显示），其他功能引脚的接法参见相关资料。

　　（2）调试译码显示器。将数字逻辑电路实验箱扩展板插在实验箱相应位置并固定好，找一个 16 脚的插座插上芯片 74LS48，并在 16 脚插座的第 8 脚接上实验箱的地（GND），第 16 脚接上电源（V_{CC}）。可首先进行试灯输入和灭灯输入测试。为了检查数码显示器的好坏，使 $\overline{LT}=0$，其余为任意状态，这时数码管各段应全部点亮，否则数码管是坏的。再用一根导线将 $\overline{BI}/\overline{RBO}$ 接地，这时如果数码管全灭，说明译码显示器是好的。使 $\overline{LT}=1$，接一个发光二极管，在 $\overline{RBI}$ 为 1 和 0 的情况下，使数码开关的输出为 0000，观察灭零功能。

　　（3）将编码部分和显示部分连接起来进行调试。因为编码部分没有安装好，译码部分就无法得出正确的译码，最后就无法正确显示出来。按下相应按键，数码管显示出相应数字，但松开后，数码管又显示数字 0。

　　在安装数码管前，应先测量数码管的好坏，选用万用表的 $R \times 10\ \Omega$ 或 $R \times 1\ \Omega$ 挡，根据内部等效电路将其等效为 8 个发光二极管进行测量。以共阴极数码管为例，将红表笔接数码管公共端(接地端),黑表笔分别接其他各段,相应的字段应点亮,并且阻值较小;测试共阳极数码管时,表笔接法相反。

(4) 选用万用板进行焊接前,应综合考虑整个项目元件的排布和走线。焊接集成电路最好使用集成电路插座,这样便于后面检修和元件的重复利用。焊接前先将插座插在万用板上模拟元件布局,考虑全面后再焊接电路。

思考与练习题

一、填空题

1. 在计算机内部,只处理二进制数。二制数的数码为_____、_____两个;写出从(000)依次加 1 的所有 3 位二进制数_____。

2. 要对 256 个存储单元进行编址,所需的地址线是_____条。

3. 一个 JK 触发器有_____个稳态,它可存储_____位二进制数。

4. 常用逻辑门电路的真值表如表 5.21 所示,则 F_1、F_2、F_3 分别属于何种常用逻辑门:F_1_____,F_2_____,F_3_____。

表 5.21　常用逻辑门电路的真值表

A	B	F_1	F_2	F_3
0	0	1	1	0
0	1	0	1	1
1	0	0	1	1
1	1	1	0	1

5. 如用 0 V 表示逻辑 1,-10 V 表示逻辑 0,则属于_____逻辑。

6. 不会出现的变量取值所对应的_____叫约束项。

7. 对 160 个符号进行二进制编码,则至少需要_____位二进制数。

8. 逻辑函数 $F = \overline{A} \cdot \overline{B} + BC$ 的最小项之和的表达式为_____。

9. 三态门除了输出高电平和低电平之外,还有第三种输出状态,即_____状态。

10. 使用与非门时多余的输入端应接_____电平,使用或非门时多余的输入端应接_____电平。

11. 逻辑符号如图 5 - 46 所示,当输入 $A = 0$,输入 B 为方波时,输出 F 应为_____。

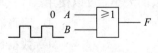

图 5 - 46　逻辑符号

12. 电路如图 5-47 所示，则输出 F 的表达式为＿＿＿＿＿＿。

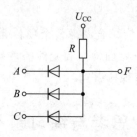

图 5-47　已知电路

13. 逻辑函数的表示方法有＿＿＿＿＿＿、＿＿＿＿＿＿、＿＿＿＿＿＿、＿＿＿＿＿＿。

14. 对于 JK 触发器的两个输入端，当输入信号相反时构成＿＿＿＿＿＿触发器，当输入信号相同时构成＿＿＿＿＿＿触发器。

二、判断题

1. 组合逻辑电路任意时刻的输出信号不仅取决于该时刻的输入信号，还与信号作用前电路原来的状态有关。　　　　　　　　　　　　　　　　　　　　　（　　）

2. 译码器是将给定的二进制代码翻译成相应的输出信号，从而去控制显示器工作。
　　　　　　　　　　　　　　　　　　　　　　　　　　　　　　　　　　（　　）

三、选择题

1. 和逻辑式 $AC+B\overline{C}+\overline{A}B$ 相等的式子是（　　）。

A. $AC+B$　　　　　　B. BC　　　　　　C. B　　　　　　D. $\overline{A}+BC$

2. 32 位输入的二进制编码器，其输出端有（　　）位。

A. 256　　　　　　　　B. 128　　　　　　　C. 4　　　　　　　D. 5

3. 4 个边沿 JK 触发器，可以存储（　　）位二进制数。

A. 4　　　　　　　　　B. 8　　　　　　　　C. 16

4. 三极管作为开关时的工作区域是（　　）。

A. 饱和区＋放大区　　　　　　　　　　B. 击穿区＋截止区

C. 放大区＋击穿区　　　　　　　　　　D. 饱和区＋截止区

5. 下列电路属于组合逻辑电路的是（　　）。

A. 全加器　　　　　　　　　　　　　　B. 寄存器

C. 计数器　　　　　　　　　　　　　　D. 触发器

6. 若所设计的编码器是将 31 个一般信号转换成二进制代码，则输出应是一组 N 为（　　）位的二进制代码。

A. 3　　　　　　　　　B. 4　　　　　　　　C. 5　　　　　　　D. 6

7. 如果要判断两个二进制数的大小，可以使用（　　）电路。

A. 译码器　　　　　　　　　　　　　　B. 编码器

C. 数据选择器　　　　　　　　　　　　D. 数据比较器

8. 当优先编码器的几个输入端（　　）出现有效信号时，其输出端给出优先权较高的输入信号的代码。

A. 同时　　　　　　　　B. 先后　　　　　　　C. 与次序无关

9. 多位数值比较器比较两数大小的顺序是(　　)。

A. 自高而低　　　　　　　　　　　　B. 自低而高

C. 两种顺序都可以　　　　　　　　　D. 无法判断

10. 在大多数情况下，对于译码器而言，(　　)。

A. 其输入端数目少于输出端数目

B. 其输入端数目多于输出端数目

C. 其输入端数目与输出端数目几乎相同

11. 将 BCD 代码翻译成十个对应的输出信号的电路有(　　)个输入端。

A. 3　　　　　　　　B. 4　　　　　　　　C. 5　　　　　　　　D. 6

12. 下列电路中，不属于组合逻辑电路的是(　　)。

A. 译码器电路　　　　B. 计数器电路　　　C. 编码器电路　　　D. 数据分配器电路

13. 32 位输入的二进制编码器，其输出端有(　　)位。

A. 256　　　　　　　B. 128　　　　　　　C. 4　　　　　　　　D. 5

项目6　时序逻辑电路的设计

项 目 概 述

通过本项目的学习，学生可掌握触发器的概念、特点、分类、作用、描述方法，掌握利用触发器设计时序逻辑电路的方法，掌握时序逻辑电路的结构、特点，掌握时序逻辑电路的分析方法，掌握时序逻辑电路的设计方法，掌握利用常用中规模集成电路设计时序逻辑电路的方法。

任务 6.1　抢答器电路的设计

任务目标

学习目标：掌握基本 RS 触发器的电路结构、特性方程、功能表；掌握同步 RS 触发器的电路结构、特性方程、功能表；掌握主从 RS 触发器的电路结构、特性方程、功能表；掌握主从 JK 触发器的电路结构、特性方程、功能表。

能力目标：利用触发器设计抢答器电路。

任务分析

通过对不同逻辑功能的触发器的电路结构进行分析，掌握基本 RS 触发器、同步 RS 触发器、主从 RS 触发器、主从 JK 触发器的特性方程、功能表。会利用触发器设计基本的时序逻辑电路。

知识链接

6.1.1　触发器概述

1. 触发器的定义

触发器是指有一个或多个输入，两个互补的输出 $(Q,\overline{Q})$，能够存储一位二进制代码的基本单元电路。通常用 Q 端的状态代表触发器的状态。

2. 触发器的特点

触发器有以下两个特点：

（1）有两个稳定状态（简称稳态），可用来表示逻辑 0 和 1。

（2）在输入信号作用下，触发器的两个稳定状态可相互转换（称为状态的翻转）。输入信号消失后，新状态可长期保持下来，因此具有记忆功能，可存储二进制信息。

3. 触发器的分类

（1）触发器根据功能分为 RS 触发器、JK 触发器、D 触发器、T 触发器、T′触发器。

（2）触发器根据电路结构不同分为基本 RS 触发器、同步触发器、主从触发器、边沿触发器。

（3）触发器根据触发方式不同分为电平触发器、边沿触发器、主从触发器。

4. 触发器的作用

触发器是一个具有记忆功能的、有两个稳定状态的信息存储器件，是构成多种时序逻辑电路的最基本的逻辑单元，也是数字逻辑电路中一种重要的单元电路，在数字系统和计算机中有着广泛的应用。触发器具有两个稳定状态，即 0 和 1，在一定的外界信号作用下，可以从一个稳定状态翻转到另一个稳定状态。

5. 触发器逻辑功能的描述方法

触发器逻辑功能的描述方法主要有特性表（也叫真值表）、特性方程、状态转换图和工作波形图（又称时序图）等。

1）特性表

为了表示触发器的逻辑功能，即表示其输出状态与触发信号之间的关系，经常使用列表将触发器可能的工作情况全部列出，该表称为特性表。因为触发器属于时序逻辑电路，所以列表时不但要列出全部输入情况，而且要列出在触发信号加入前一瞬间触发器的原有状态，这个状态称为初态，用 Q^n 表示。触发信号作用后的状态称为次态，用 Q^{n+1} 表示，它由触发信号与初态 Q^n 共同决定。

2）特性方程

特性方程指触发器次态与输入信号和电路原有状态之间的逻辑关系式。

对特性表列出逻辑表达式，然后化简即得触发器的特性方程。

真值表、卡诺图和特性方程三者的关系如图 6-1 所示。

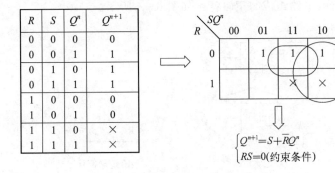

图 6-1　真值表、卡诺图和特性方程三者的关系

3）状态转换图

状态转换图表示触发器从一个状态变化到另一个状态或保持原状不变时，对输入信号

的要求。绘制状态转换图时，用圆圈及其内的标注表示电路的所有稳态，用箭头表示状态转换的方向，用箭头旁的标注表示状态转换的条件，如图 6-2 所示。

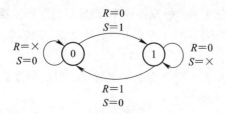

图 6-2　状态转换图

4）工作波形图

工作波形图即以波形的形式描述触发器状态与输入信号及时钟脉冲之间的关系，它是描述时序逻辑电路工作情况的一种基本方法，工作波形图实例如图 6-3 所示。

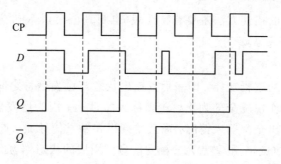

图 6-3　工作波形图

6.1.2　触发器的电路结构形式

1. 基本 RS 触发器

1）电路组成与逻辑符号

基本 RS 触发器的电路组成与逻辑符号如图 6-4 所示。

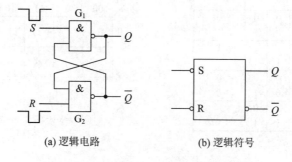

(a) 逻辑电路　　　　　　　　(b) 逻辑符号

图 6-4　基本 RS 触发器的电路组成与逻辑符号

基本 RS 触发器有两个稳定的状态：0 状态和 1 状态。在信号输出端，$Q=0$、$\overline{Q}=1$ 的状态称为 0 状态，$Q=1$、$\overline{Q}=0$ 的状态称为 1 状态。输入端的取反符号代表与非门低电平有效。S 和 R 为输入端。

2）真值表

基本 RS 触发器的真值表如表 6.1 所示。

表 6.1　基本 RS 触发器的真值表

R	S	Q^n	Q^{n+1}	功能
0	0	0	不用	不允许
0	0	1	不用	
0	1	0	0	Q^{n+1}
0	1	1	0	置 0
1	0	0	1	Q^{n+1}
1	0	1	1	置 1
1	1	0	0	$Q^{n+1}=Q^n$
1	1	1	1	保持

3）状态图

基本 RS 触发器的状态转换图如图 6-5 所示。

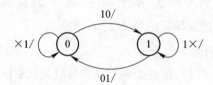

图 6-5　基本 RS 触发器的状态转换图

2. 同步 RS 触发器

实际工作中，触发器的工作状态不仅要由触发输入信号决定，而且要求按照一定的节拍工作。为此需要增加一个时钟控制端 CP(Clock Pulse，时钟脉冲)，如图 6-6 所示。

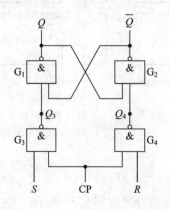

图 6-6　同步 RS 触发器的电路结构

CP 是一串周期和脉宽一定的矩形脉冲。具有时钟脉冲控制的触发器称为时钟触发器，又称钟控触发器。同步触发器是其中最简单的一种，而基本 RS 触发器称为异步触发器。

1) 电路结构与工作原理

当 CP＝0 时，G_3、G_4 被封锁，输入信号 R、S 不起作用。基本 RS 触发器的输入均为 1，触发器状态保持不变。

当 CP＝1 时，G_3、G_4 解除封锁，将输入信号 R 和 S 取非后送至基本 RS 触发器的输入端。

2) 逻辑功能与逻辑符号

同步 RS 触发器的真值表如表 6.2 所示，逻辑符号如图 6-7 所示。

表 6.2　同步 RS 触发器的真值表

R	S	Q^{n+1}
0	0	Q^n
0	1	1
1	0	0
1	1	不定

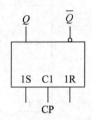

图 6-7　同步 RS 触发器的逻辑符号

异步置 0 端 R_D 和异步置 1 端 S_D 不受 CP 控制。实际应用中，常需要利用异步端预置触发器值(置 0 或置 1)，预置完毕后应使 $R_D＝S_D＝1$。

3) 同步触发器存在的问题

在 CP＝1 期间，G_3、G_4 门都是开着的，都能接收 R、S 信号。如果在 CP＝1 期间 R、S 发生多次变化，则触发器的状态也可能发生多次翻转。这就是同步触发器存在的空翻问题，其波形示意图如图 6-8 所示。

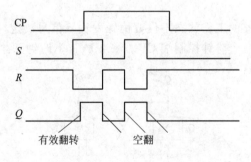

图 6-8　空翻波形示意图

3. 主从 RS 触发器

1) 主从 RS 触发器的电路结构及符号

主从 RS 触发器的电路结构及符号如图 6-9 所示。图中，G_2 给主从触发器提供反相的时钟信号，使它们在不同的时段交替工作。

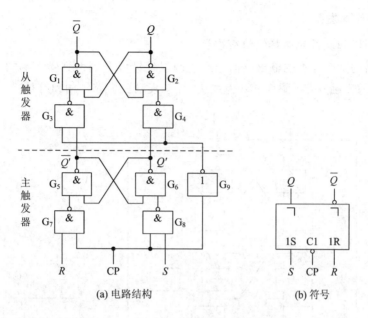

(a) 电路结构 (b) 符号

图 6-9 主从 RS 触发器的电路结构及符号

2）主从 RS 触发器的工作原理

在 CP＝1 期间，主触发器接受输入信号，从触发器被封锁，主从 RS 触发器状态保持不变。

CP 从 1 跃变到 0 时，主触发器的输出状态送入从触发器中，从触发器的输出状态由主触发器当时的状态决定。

CP ＝ 0 期间，由于主触发器的输出状态保持不变，不受输入信号变化的影响，因而受其控制的从触发器的状态也保持不变。

3）主从 RS 触发器的真值表

主从 RS 触发器的真值表如表 6.3 所示。

表 6.3 主从 RS 触发器的真值表

CP	R S	Q^n	Q^{n+1}	说 明
×	× ×	×	×	触发器状态保持不变
↓	0 0 0 0	0 1	0 1	触发器状态保持不变
↓	0 1 0 1	0 1	1 1	触发器置 1
↓	1 0 1 0	0 1	0 0	触发器置 0
↓	1 1 1 1	0 1	× ×	触发器状态不定

4. 主从 JK 触发器

1）主从 JK 触发器的电路结构及符号

将触发器的两个互补的输出端信号通过两根反馈线分别引到输入端的 G_7、G_8 门，这样，就构成了 JK 触发器。图 6-10 为主从 JK 触发器的电路结构和符号。

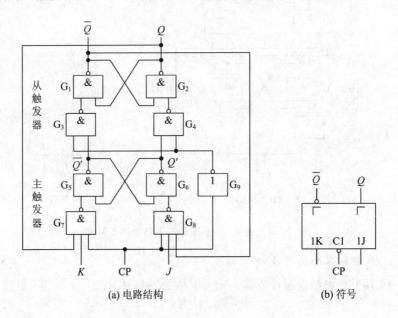

图 6-10　主从 JK 触发器的电路结构及符号

2）JK 触发器的真值表

JK 触发器的真值表如表 6.4 所示。

表 6.4　**JK 触发器的真值表**

J K	Q^n	Q^{n+1}	说　明
0　0	0	0	保持原状态
0　0	1	1	
0　1	0	0	输出状态与 J 状态相同
0　1	1	0	
1　0	0	1	输出状态与 J 状态相同
1　0	1	1	
1　1	0	1	每输入一个脉冲，输出状态改变一次
1　1	1	0	

3）主从 JK 触发器的特征方程

主从 JK 触发器的特征方程如下：

$$Q^{n+1} = J\,\overline{Q^n} + \overline{K}\,Q^n$$

4）主从 JK 触发器的状态转换图

主从 JK 触发器的状态转换图如图 6-11 所示。

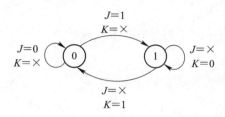

图 6-11 主从 JK 触发器的状态转换图

5）主从 JK 触发器的工作波形分析

【例 6-1】 已知主从 JK 触发器 J、K 的波形如图 6-12 所示，画出输出 Q 的波形图（设初始状态为 0）。

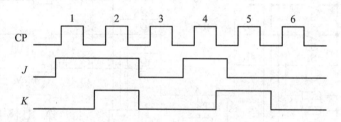

图 6-12 J、K 的波形图

在画主从触发器的波形图时，应注意以下两点：

（1）触发器的触发翻转发生在时钟脉冲的触发沿（这里是下降沿）。

（2）判断触发器次态的依据是时钟脉冲下降沿前一瞬间输入端的状态。

经过分析，得到 Q 的波形图如图 6-13 所示。

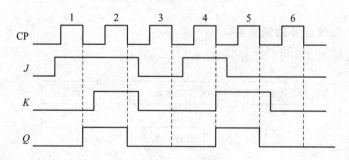

图 6-13 Q 的波形图

6）主从触发器的特点

主从 JK 触发器的工作特点：CP = 1 期间，主触发器接收输入信号；CP = 0 期间，主触发器保持 CP 下降沿之前状态不变，而从触发器接受主触发器状态。因此，主从触发器的状态只能在 CP 下降沿时刻翻转。这种触发方式称为主从触发方式。

主从触发器的优点：只能在 CP 边沿时刻翻转，因此克服了空翻，可靠性和抗干扰能力强，应用范围广。

任务实施 **抢答器电路设计**

1. 设计要求

（1）$S_1 \sim S_8$ 号代表 8 个选手，需要有 8 个控制电路。

（2）有总控开关电路。

（3）抢答时有报警提醒功能。

2. 电路原理图

电路原理图如图 6-14 所示。

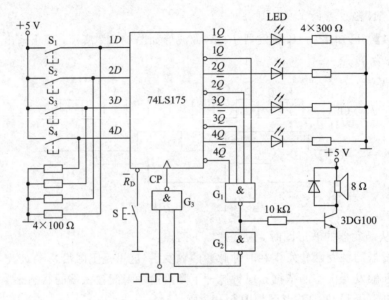

图 6-14　电路原理图

3. 抢答器组成框图及功能介绍

抢答器组成框图如图 6-15 所示。

图 6-15　抢答器组成框图

（1）数据输入电路：由按键（抢答按键、主持人控制开关）、电阻等元件组成，输入优先抢答者数据。

（2）数据输出显示电路：由发光二极管（LED）、扬声器和电阻等元件组成，优先抢答者指示灯亮。

（3）主控单元电路：由 2 输入与非门 74LS00、4 输入与非门 74LS20、集成 4D 触发器 74LS175 等元件组成，具有分辨和锁存优先抢答者功能。

4. 工作原理

（1）抢答之前，主持人将开关置于"清零"位置，抢答器处于禁止工作状态，显示灯（LED）熄灭。

（2）当主持人宣布抢答开始时，同时将开关拨到"开始"位置，当按下任意一个按键时，对应的 LED 灯被点亮，以后再去按其他按键，指示灯的状态不改变。直到按下"清零"按键。

任务 **6.2**   基于触发器的七进制计数器的设计

任务目标

学习目标：掌握时序逻辑电路的特点、分析方法和设计方法。

能力目标：掌握基本触发器设计时序逻辑电路的方法。

任务分析

对时序逻辑电路进行分析，利用触发器设计一个七进制计数器。

知识链接

6.2.1   相关知识点

1. 时序逻辑电路的结构及特点

时序逻辑电路就是任何一个时刻的输出状态不仅取决于当时的输入信号，还与电路的原状态有关。

1）时序逻辑电路的特点

时序逻辑电路有两个特点：含有记忆元件（最常用的是触发器）、具有反馈通道。

2）时序逻辑电路的结构

时序逻辑电路的示意图如图 6-16 所示。

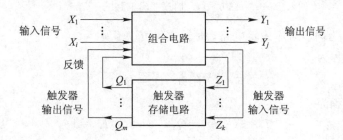

图 6-16   时序逻辑电路的示意图

2. 时序逻辑电路的分类

时序逻辑电路又分为同步时序逻辑电路和异步时序逻辑电路两大类。

1）同步时序逻辑电路

同步时序逻辑电路中，所有触发器的时钟输入端都接同一个时钟脉冲源，因而所有触发器的状态的变化都与所加的时钟脉冲信号同步。

2）异步时序逻辑电路

异步时序逻辑电路中没有统一的时钟，有些触发器的时钟输入端与时钟脉冲源相连，所有这些触发器的状态变化与时钟脉冲同步，而其他触发器的状态不与时钟脉冲同步。

6.2.2　时序逻辑电路的分析方法

1. 分析时序逻辑电路的一般步骤

（1）由逻辑图写出下列各逻辑方程式：

① 各触发器的时钟方程。

② 时序电路的输出方程。

③ 各触发器的驱动方程。

（2）将驱动方程代入相应触发器的特性方程，求得时序逻辑电路的状态方程。

（3）根据状态方程和输出方程，列出该时序逻辑电路的状态转换表，画出状态转换图或时序图。

（4）根据电路的状态转换表或状态转换图说明给定时序逻辑电路的逻辑功能。

2. 同步时序逻辑电路的分析举例

【例 6-2】 试分析图 6-17 所示的时序逻辑电路，已知 $X=0$。

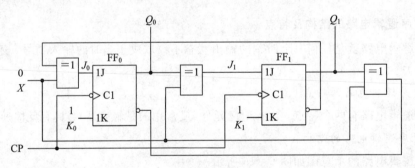

图 6-17　时序逻辑电路图

解　该电路为同步时序逻辑电路，时钟方程可以不写。

（1）输出方程为

$$F=(X \oplus Q_1^n)\overline{Q_0^n}=Q_1^n\,\overline{Q_0^n}$$

（2）驱动方程为

$$J_0=X \oplus \overline{Q_1^n}=\overline{Q_1^n}, \qquad K_0=1$$
$$J_1=X \oplus Q_0^n=Q_0^n, \qquad K_1=1$$

（3）写出 JK 触发器的特性方程，然后将各驱动方程代入 JK 触发器的特性方程，得各触发器的次态方程为

$$Q_0^{n+1}=J_0\,\overline{Q_0^n}+\overline{K_0}\,Q_0^n=(X \oplus \overline{Q_1^n})\overline{Q_0^n}=\overline{Q_1^n}\,\overline{Q_0^n}$$

$$Q_1^{n+1}=J_1\,\overline{Q_1^n}+\overline{K_1}Q_1^n=(X\oplus Q_0^n)\,\overline{Q_1^n}=Q_0^n\,\overline{Q_1^n}$$
$$Q_0^{n+1}=\overline{Q_1^n}\,\overline{Q_0^n}$$
$$Q_1^{n+1}=Q_0^n\,\overline{Q_1^n}$$

输出方程为

$$Z=Q_1^n\,\overline{Q_0^n}$$

（4）该时序逻辑电路的状态转换表如表 6.5 所示，状态转换图如图 6-18 所示。

表 6.5　状态转换表

输入	初态		次态		输出
X	Q_1^n	Q_0^n	Q_1^{n+1}	Q_0^{n+1}	F
0	0	0	0	1	0
0	0	1	1	0	0
0	1	0	0	0	1

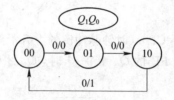

图 6-18　$X=0$ 时的状态转换图

（5）画时序波形图。

根据状态转换表或状态转换图，可画出在 CP 脉冲作用下电路的时序图，如图 6-19 所示。

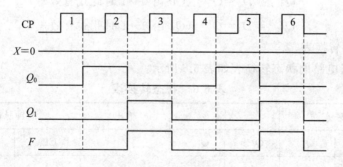

图 6-19　电路的时序图

（6）逻辑功能分析。

该电路一共有 3 个状态，即 00、01、10。

当 $X=0$ 时，按照加 1 规律，从 00→01→10→00 循环变化，并每当转换为 10 状态（最大数）时，输出 $F=1$，所以该电路是一个可控的三进制加法计数器。

6.2.3　异步时序逻辑电路的分析方法

通过对实例的分析得出分析方法。

【例 6-3】　试分析图 6-20 所示的时序逻辑电路。

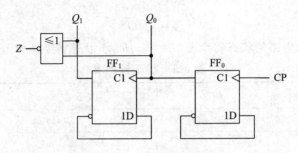

图 6-20　时序逻辑电路图

解　该电路为异步时序逻辑电路，下面进行具体分析。

（1）写出各逻辑方程式。

① 时钟方程：

$$CP_0 = CP \quad （时钟脉冲源的上升沿触发）$$

$$CP_1 = Q_0 \quad （当 FF_0 的 Q_0 由 0 \to 1 时，Q_1 才可能改变状态）$$

② 输出方程：

$$Z = \overline{Q_1^n}\,\overline{Q_0^n}$$

③ 各触发器的驱动方程：

$$D_0 = \overline{Q_0^n}\ , \quad D_1 = \overline{Q_1^n}$$

（2）将各驱动方程代入 D 触发器的特性方程，得各触发器的次态方程：

$$Q_0^{n+1} = D_0 = \overline{Q_0^n} \quad （CP 由 0 \to 1 时此式有效）$$

$$Q_1^{n+1} = D_1 = \overline{Q_1^n} \quad （Q_0 由 0 \to 1 时此式有效）$$

（3）做状态转换表。

该时序逻辑电路的状态转换表如表 6.6 所示。

表 6.6　状态转换表

现 态		次 态		输出	时钟脉冲	
Q_1^n	Q_0^n	Q_1^{n+1}	Q_0^{n+1}	Z	CP_1	CP_0
0	0	1	1	1	↑	↑
1	1	1	0	0	0	↑
1	0	0	1	0	↑	↑
0	1	0	0	0	0	↑

（4）做状态转换图和时序图。

该时序逻辑电路的状态转换图如图 6-21 所示，时序图如图 6-22 所示。

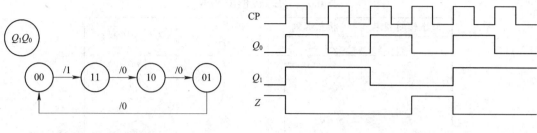

图 6-21　状态转换图　　　　　　　　　　图 6-22　时序图

（5）逻辑功能分析。

由状态图可知，该电路一共有 4 个状态，即 00、01、10、11，在时钟脉冲作用下，按照减 1 规律循环变化，所以是一个四进制减法计数器，Z 是借位信号。

6.2.4　同步时序逻辑电路的设计方法

同步时序逻辑电路的设计步骤如下：

（1）根据设计要求，设定状态，导出对应的状态图（表）。

（2）状态化简。消去多余的状态，得到简化的状态图（表）。

（3）状态分配，又称状态编码。即把一组适当的二进制代码分配给简化的状态图（表）中各个状态。

（4）选择触发器的类型。

（5）根据编码状态表以及所采用的触发器的逻辑功能，导出待设计电路的输出方程和驱动方程。

（6）根据输出方程和驱动方程画出逻辑图。

（7）检查电路能否自启动。

任务实施　**设计一个同步七进制加法计数器**

（1）逻辑抽象。

同步七进制加法计数器应该有 7 个不同的状态，对其进行逻辑抽象得到图 6-23 的状态转换图。

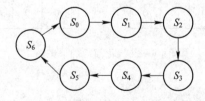

图 6-23　状态转换图

（2）列出状态转换编码表。

对状态转换图中的 7 个状态进行状态分配，列出状态转换编码表，如表 6.7 所示。

表 6.7　状态转换编码表

状态转换顺序	状态编码			进位输出	等效十进制数
S_i	Q_2	Q_1	Q_0	C	
S_0	0	0	0	0	0
S_1	0	0	1	0	1
S_2	0	1	0	0	2
S_3	0	1	1	0	3
S_4	1	0	0	0	4
S_5	1	0	1	0	5
S_6	1	1	0	1	6
S_0	0	0	0	0	0

（3）选择 JK 触发器。

（4）求各触发器驱动方程和进位输出方程。

按照状态编码表填出卡诺图并对其化简，如图 6-24、图 6-25 所示。

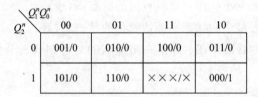

图 6-24　卡诺图

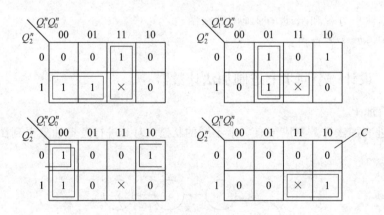

图 6-25　化简后的卡诺图

（5）列出状态方程。

依照卡诺图化简方法，化简上述的卡诺图，得到状态方程和进位方程为

$$\begin{cases} Q_2^{n+1} = \overline{Q_1}Q_2 + Q_1Q_0 = \overline{Q_1}Q_2 + Q_1Q_0(Q_2 + \overline{Q_2}) = Q_1Q_0\,\overline{\overline{Q_2}} + \overline{Q_1\,\overline{Q_0}}Q_2 \\ Q_1^{n+1} = Q_0\,\overline{Q_1} + Q_0Q_2 + \overline{Q_2}\,\overline{Q_0}Q_1 = Q_0\,\overline{Q_1} + \overline{\overline{Q_2Q_0} \cdot \overline{\overline{Q_2Q_0}}}Q_1 \\ Q_0^{n+1} = \overline{Q_1}\,\overline{Q_0} + \overline{Q_2}\,\overline{Q_0} = (\overline{Q_1} + \overline{Q_2})\,\overline{Q_0} + \overline{1}Q_0 = \overline{Q_2Q_1}\,\overline{Q_0} + \overline{1}Q_0 \end{cases}$$

进位输出方程为 $C = Q_2 Q_1$

JK 触发器驱动方程为

$$\begin{cases} J_2 = Q_1 Q_0, \ K_2 = Q_1 \overline{Q_0} \\ J_1 = Q_0, \ K_1 = \overline{\overline{Q_2 Q_0}} \ \overline{\overline{Q_2 Q_0}} \\ J_0 = \overline{Q_2 Q_1}, \ K_0 = 1 \end{cases}$$

（6）画出逻辑图。

该时序逻辑图如图 6-26 所示。

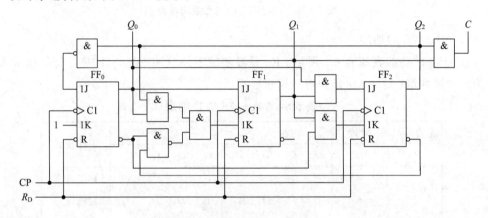

图 6-26   时序逻辑电路图

（7）检查电路能否自启动。

把未用状态 111 代入特征方程，计算可得次态值为 110，可知电路能够自启动。

任务 6.3   数字钟电路的设计

任务目标

学习目标：掌握常用集成时序逻辑电路寄存器、计数器的原理和应用方法。

能力目标：掌握利用集成时序逻辑电路设计数字钟电路的方法。

任务分析

通过常用集成时序逻辑电路寄存器、计数器的原理和应用方法的学习，利用常用集成电路设计数字钟电路。

知识链接

1. 寄存器和移位寄存器

1）寄存器

寄存器是存储二进制数码的时序电路组件。

2）集成数码寄存器 74LS175

（1）74LS175 的内部电路图如图 6-27 所示。

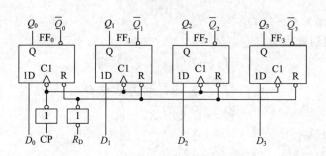

图 6-27　74LS175 的内部逻辑电路图

（2）74LS175 的功能。

74LS175 的功能表如表 6.8 所示。R_D 是异步清零控制端。$D_0 \sim D_3$ 是并行数据输入端，CP 为时钟脉冲端。$Q_0 \sim Q_3$ 是并行数据输出端。

表 6.8　74LS175 的功能表

清零	时钟	输入				输出				工作模式
R_D	CP	D_0	D_1	D_2	D_3	Q_0	Q_1	Q_2	Q_3	
0	×	×	×	×	×	0	0	0	0	异步清零
1	↑	D_0	D_1	D_2	D_3	D_0	D_1	D_2	D_3	数码寄存
1	1	×	×	×	×	保持				数据保持
1	0	×	×	×	×	保持				数据保持

3）移位寄存器

所谓移位，就是将寄存器所存各位数据在每个移位脉冲的作用下，向左或向右移动一位。根据移位方向，常把寄存器分成左移寄存器、右移寄存器和双向移位寄存器三种。

根据移位数据的输入/输出方式，又可将寄存器分为串行输入-串行输出、串行输入-并行输出、并行输入-串行输出和并行输入-并行输出等 4 种电路结构。

（1）单向移位寄存器的电路图。

右移寄存器（D 触发器组成的 4 位右移寄存器），具体电路图如图 6-28 所示。

右移寄存器的结构特点：左边触发器的输出端接右邻触发器的输入端。

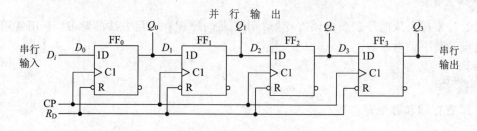

图 6-28　右移寄存器的内部逻辑电路图

（2）移位寄存器的状态转换表。

设移位寄存器的初始状态为 0000，串行输入数码 $D_i = 1101$，从高位到低位依次输入。

其状态转换表如表 6.9 所示。

表 6.9　移位寄存器的状态转换表

移位脉冲	输入数码	输　　出			
CP	D_i	Q_3	Q_2	Q_1	Q_0
0		0	0	0	0
1	1	1	0	0	0
2	1	1	1	0	0
3	0	0	1	1	0
4	1	1	0	1	1

（3）右移寄存器的时序图。

根据状态转换表可以画出时序图，如图 6-29 所示。

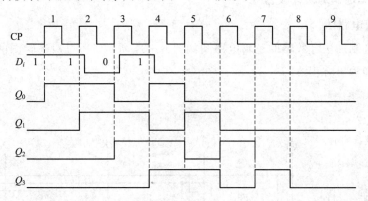

图 6-29　右移寄存器的时序图

在 4 个移位脉冲作用下，输入的 4 位串行数码 1101 全部存入了寄存器中，这种输入方式称为串行输入方式。

由于右移寄存器移位的方向为 $D_i \rightarrow Q_0 \rightarrow Q_1 \rightarrow Q_2 \rightarrow Q_3$，即由低位向高位移，所以又称为上移寄存器。

（4）左移寄存器的电路图。

左移寄存器的结构特点：右边触发器的输出端接左邻触发器的输入端，其内部逻辑电路图如图 6-30 所示。

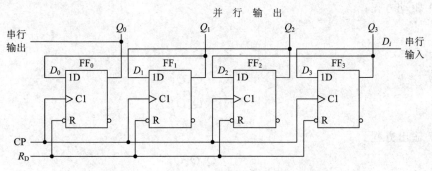

图 6-30　左移寄存器的内部逻辑电路图

（5）双向移位寄存器。

将右移寄存器和左移寄存器组合起来，并引入　控制端 S 便构成既可左移又可右移的双向移位寄存器。

2. 计数器

计数器是用以统计输入脉冲 CP 个数的电路。

1）计数器的分类

（1）按计数进制可分为二进制计数器和非二进制计数器。

非二进制计数器中最典型的是十进制计数器。

（2）按数字的增减趋势可分为加法计数器、减法计数器和可逆计数器。

（3）按计数器中触发器翻转是否与计数脉冲同步分为同步计数器和异步计数器。

2）同步二进制加法计数器

（1）逻辑电路图。

同步二进制加法计数器的逻辑电路图如图 6 - 31 所示。通过对逻辑图的分析，可以得到驱动方程和输出方程。

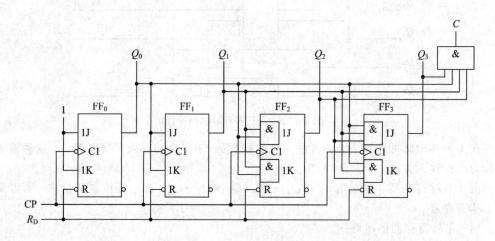

图 6 - 31　同步二进制加法计数器的逻辑电路图

（2）驱动方程：

$$\begin{cases} J_0 = K_0 = 1 \\ J_1 = K_1 = Q_0 \\ J_2 = K_2 = Q_0 Q_1 \\ J_3 = K_3 = Q_0 Q_1 Q_2 \end{cases}$$

（3）输出方程：

$$C = Q_0 Q_1 Q_2 Q_3$$

（4）状态方程。

将驱动方程 J 和 K 的取值代入 JK 触发器的特征方程，得到该电路的输出方程：

$$
\begin{cases}
Q_0^{n+1} = \overline{Q_0} \\
Q_1^{n+1} = Q_0\,\overline{Q_1} + \overline{Q_0}\,Q_1 \\
Q_2^{n+1} = Q_0 Q_1\,\overline{Q_2} + \overline{Q_0 Q_1}\,Q_2 \\
Q_3^{n+1} = Q_0 Q_1 Q_2\,\overline{Q_3} + \overline{Q_0 Q_1 Q_2}\,Q_3
\end{cases}
$$

（5）状态转换表。

根据输出方程将初值 0000 代入，求出电路的次态。列出同步二进制加法计数器的状态转换表，如表 6.10 所示。

表 6.10　同步二进制加法计数器的状态转换表

计数脉冲序号	电路状态				等效十进制数	进位输出 C
	Q_3	Q_2	Q_1	Q_0		
0	0	0	0	0	0	0
1	0	0	0	1	1	0
2	0	0	1	0	2	0
3	0	0	1	1	3	0
4	0	1	0	0	4	0
5	0	1	0	1	5	0
6	0	1	1	0	6	0
7	0	1	1	1	7	0
8	1	0	0	0	8	0
9	1	0	0	1	9	0
10	1	0	1	0	10	0
11	1	0	1	1	11	0
12	1	1	0	0	12	0
13	1	1	0	1	13	0
14	1	1	1	0	14	0
15	1	1	1	1	15	1
16	0	0	0	0	0	0

（6）状态转换图。

将状态转换表的每个状态画出，标出转换方向和条件，得到状态转换图，如图 6－32 所示。

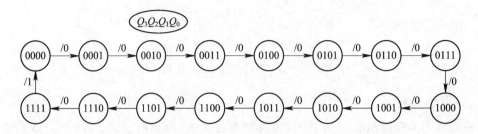

图 6－32　同步二进制加法计数器的状态转换图

（7）时序波形图。

将状态转换表每个时钟对应的状态画出，得到时序波形图，如图 6－33 所示。

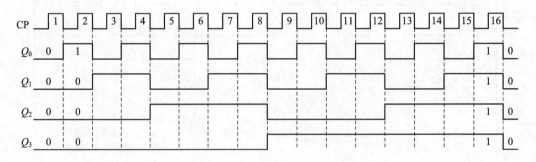

图 6－33　同步二进制加法计数器的时序波形图

由时序波形图可以看出，Q_0、Q_1、Q_2、Q_3 的周期分别是计数脉冲（CP）周期的 2 倍、4 倍、8 倍、16 倍，因而计数器也可作为分频器。

（8）4 位二进制同步加法计数器 74LS161 的外形图如图 6－34 所示。

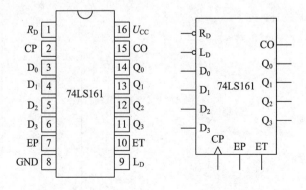

图 6－34　同步二进制加法计数器 74LS161 的外形图

（9）74LS161 的功能表。

74LS161 的功能：① 异步清零；② 同步并行预置数；③ 计数；④ 保持。CO 为进位输出端，74LS161 的功能表如表 6.11 所示。

表 6.11　74LS161 的功能表

清零	预置	使能		时钟	预置数据输入				输出				工作模式
R_D	L_D	EP	ET	CP	D_3	D_2	D_1	D_0	Q_3	Q_2	Q_1	Q_0	
0	×	×	×	×	×	×	×	×	0	0	0	0	异步清零
1	0	×	×	↑	d_3	d_2	d_1	d_0	d_3	d_2	d_1	d_0	同步置数
1	1	0	×	×	×	×	×	×	保持				数据保持
1	1	×	0	×	×	×	×	×	保持				数据保持
1	1	1	1	↑	×	×	×	×	计数				加法计数

3）同步十进制加法计数器

（1）逻辑电路图。

同步十进制加法计数器的逻辑电路图如图 6-35 所示。

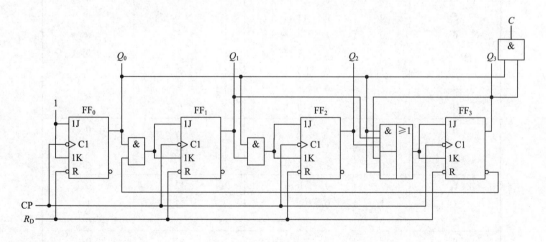

图 6-35　同步十进制加法计数器的逻辑电路图

（2）驱动方程：

$$
\begin{cases}
T_0 = 1 \\
T_1 = Q_0\,\overline{Q_3} \\
T_2 = Q_0 Q_1 \\
T_3 = Q_0 Q_3 + Q_0 Q_1 Q_2
\end{cases}
$$

（3）特征方程：

$$
\begin{cases}
Q_0^{n+1} = \overline{Q_0} \\
Q_1^{n+1} = Q_0\,\overline{Q_1}\,\overline{Q_3} + \overline{Q_0 Q_3}\,Q_1 \\
Q_2^{n+1} = Q_0 Q_1\,\overline{Q_2} + \overline{Q_0 Q_1}\,Q_2 \\
Q_3^{n+1} = (Q_0 Q_1 Q_2 + Q_0 Q_3)\,\overline{Q_3} + \overline{Q_0 Q_1 Q_2 + Q_0 Q_3}\,Q_3
\end{cases}
$$

（4）输出方程：

$$
C = Q_0 Q_3
$$

（5）状态转换表。

设初态为 $Q_3 Q_2 Q_1 Q_0 = 0000$，代入次态方程进行计算，得到同步十进制加法计数器的状态转换表，如表 6.12 所示。

表 6.12　同步十进制加法计数器的状态转换表

计数脉冲序号	电路状态				等效十进制数	进位输出 C
	Q_3	Q_2	Q_1	Q_0		
0	0	0	0	0	0	0
1	0	0	0	1	1	0
2	0	0	1	0	2	0
3	0	0	1	1	3	0
4	0	1	0	0	4	0
5	0	1	0	1	5	0
6	0	1	1	0	6	0
7	0	1	1	1	7	0
8	1	0	0	0	8	0
9	1	0	0	1	9	1
10	0	0	0	0	0	0
0	1	0	1	0	10	0
1	1	0	1	1	11	1
2	0	1	1	0	6	0
0	1	1	0	0	12	0
1	1	1	0	1	13	1
2	0	1	0	0	4	0
0	1	1	1	0	14	0
1	1	1	1	1	15	1
2	0	0	1	0	2	0

（6）状态转换图。

由于某种原因使计数器进入无效状态时，如果能在时钟信号作用下最终进入有效状态，称该电路具有自启动能力。将有效循环和无效循环放到一起，可以得到如图 6-36 所示的状态图。

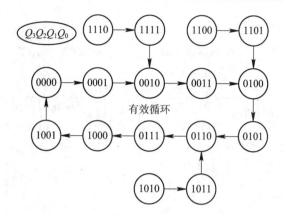

图 6-36　同步十进制加法计数器的状态转换图

（7）集成十进制计数器 74LS160。

74LS160 的外形图如图 6-37 所示。

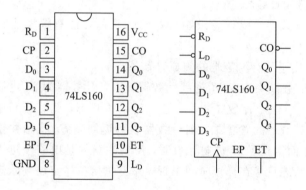

图 6-37　集成十进制计数器 74LS160 的外形图

（8）74LS160 的功能表。

集成十进制计数器 74LS160 的功能表如表 6.13 所示。

表 6.13　集成十进制计数器 74LS160 的功能表

清零	预置	使能		时钟	预置数据输入				输　　出				工作模式
R_D	L_D	EP	ET	CP	D_3	D_2	D_1	D_0	Q_3	Q_2	Q_1	Q_0	
0	×	×	×	×	×	×	×	×	0	0	0	0	异步清零
1	0	×	×	↑	d_3	d_2	d_1	d_0	d_3	d_2	d_1	d_0	同步置数
1	1	0	×	×	×	×	×	×	保持				数据保持
1	1	×	0	×	×	×	×	×	保持				数据保持
1	1	1	1	↑	×	×	×	×	十进制计数				加法计数

4）计数器的应用

（1）计数器级联。

计数器级联的外形图如图 6-38 所示，用两片 4 位二进制同步加法计数器 74LS161 构成 8 位二进制同步加法计数器。

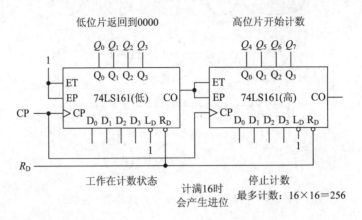

图 6 - 38　两片 4 位二进制同步加法计数器 74LS161 级联的外形图

（2）组成任意进制计数器。

利用已有集成计数器构成任意进制计数器的具体方法有置零法和置数法两种，分述如下。

① 置零法：适用于具有清零端的集成计数器。

置零法的原理：假设要构成 M 进制计数器，原有计数器为 N 进制，当其从全 0 状态 S_0 开始计数并接受了 M 个计数脉冲后，进入到 SM 状态，此时若利用 S_M 的状态产生一个置零信号并加到计数器的置零端，则计数器立刻返回到 S_0 状态并重新计数，这样就跳过了 $N-M$ 个状态而得到了 M 进制计数器，需要注意的是电路一进入 S_M 状态立刻返回 S_0 状态，所以 S_M 状态只是在极短时间出现，并不包括在稳定循环状态中，置零法具体原理如图 6 - 39 所示。

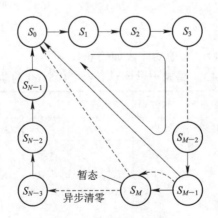

图 6 - 39　置零法原理图

【例 6 - 4】　用集成计数器 74LS160 和与非门组成六进制计数器。

本例题就是用集成计数器 74LS160 和与非门采用置零法组成六进制计数器，具体实现如图 6 - 40 所示。

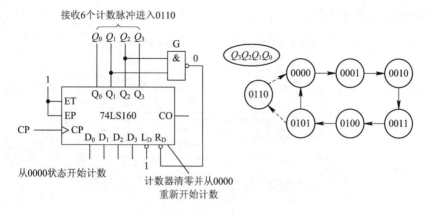

图 6-40   六进制计数器外形图

② 置数法：适用于具有置数端的集成计数器。

置数法原理：通过给计数器重复置入某个数值的方法跳过 $N-M$ 个状态，从而获得 M 进制计数器，这种方法可在电路的任何状态下实现，置数法具体原理如图 6-41 所示。

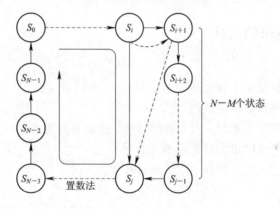

图 6-41   置数法原理图

【例 6-5】 用集成计数器 74LS160 和与非门组成八进制计数器。

本例题就是用集成计数器 74LS160 和与非门采用置数法组成八进制计数器，具体实现如图 6-42 所示。

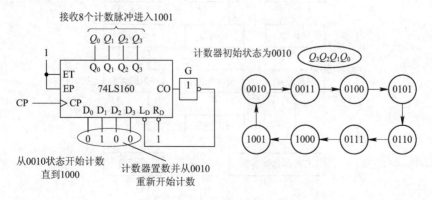

图 6-42   八进制计数器外形图

【例 6 - 6】　用集成计数器 74LS160 构成三十九进制计数器，如图 6 - 43 所示。

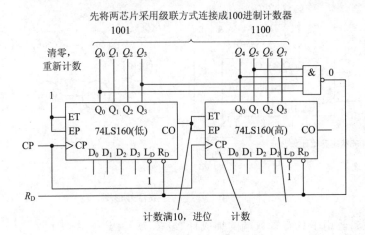

图 6 - 43　三十九进制计数器外形图

例 6 - 6 的设计中，采用先级联再用整体置零的方法。

任务实施　数字电路的设计

1. 设计要求

（1）设计一个能显示 1/10 秒、秒、分、时的 12 小时数字钟。

（2）熟练掌握各种计数器的使用。

（3）能用计数器构成十进制、六十进制、十二进制等所需进制的计数器。

（4）能用低位的进位输出构成高位的计数脉冲。

（5）可以在任意时刻校准时间，要求可靠方便。

2. 电路原理图

数字钟电路原理图如图 6 - 44 所示。

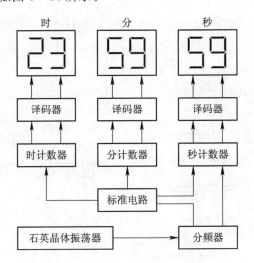

图 6 - 44　数字钟电路原理图

数字钟由石英晶体振荡器、分频器、计数器、译码器、显示器和校准电路等组成。石英晶体振荡器产生的信号经过分频器作为秒脉冲,送入计数器计数,计数结果通过"时""分""秒"译码器译码,经数码管显示时间。

3. 数字钟的逻辑电路

数字钟的逻辑电路图如图 6-45 所示。

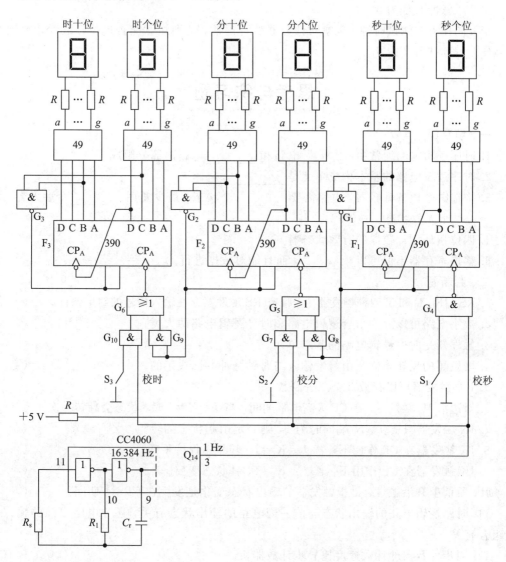

图 6-45　数字钟的逻辑电路图

4. 整机电路安装调试

按照图 6-45 焊接好电路,检查无误后,按以下步骤调试。

(1) 调试振荡部分电路,测试 CC4060 第 3 脚是否有脉冲信号产生。

(2) 采用逻辑笔测试 G_4 的输出端,逻辑笔电平指示灯每秒闪烁一次,说明秒产生器工作正常。

（3）按动 S_1，调试秒功能，按动一次 S_1，测 G_4 的输出端，电压应向相反方向变化，说明 G_4 计数基本工作正常；按动一次 S_1，秒数码管数值加 1，则数码管工作正常；不按 S_1，1 分钟后分钟数码管加 1，分个位计数器正常。

（4）断开 G_6 的输出管脚，用一根导线将 CC4060 的 Q_{14} 输出脉冲引出，作为 F_2 的快速计数脉冲，这样便于调试，观察分计数器是否正常，特别注意能否进位，是否计数到 59 后，在下一脉冲时变为 0。

（5）同样方法测试时钟，观察时计数器是否正常，特别注意能否进位，是否计数到 23 后，在下一脉冲时变为 0。

思考与练习题

一、填空题

1. 时序逻辑电路通常由 _____ 电路和 _____ 电路两部分组成。

2. 时序逻辑电路的基本构成单元是 _____。

3. 构造一个模 6 计数器，电路需要 _____ 个状态，最少要用 _____ 个触发器，它有 _____ 个无效状态。

4. 四位扭环型计数器的有效状态有 _____ 个。

5. 移位寄存器不但可以 _____，而且能对数据进行 _____。

二、判断题

1. RS、JK、D 和 T 四种触发器中，唯有 RS 触发器存在输入信号的约束条件。（　　）

2. 数字电路可以分为组合逻辑电路和时序逻辑电路两大类。（　　）

3. 触发器是时序逻辑电路的基本单元。（　　）

4. 触发器的反转条件是由触发输入与时钟脉冲共同决定的。（　　）

5. 1 个触发器可以存放 2 个二进制数。（　　）

6. 对边沿 JK 触发器，在 CP 为高电平期间，当 $J=K=1$ 时，状态会翻转一次。（　　）

7. JK 触发器只要 J、K 端同时为 1，则一定引起状态翻转。（　　）

8. JK 触发器在 CP 作用下，若 $J=K=1$，其状态保持不变。（　　）

9. JK 触发器在 CP 作用下，若 $J=K=1$，其状态变反。（　　）

10. 所谓上升沿触发，是指触发器的输出状态变化是发生在 CP=1 期间。（　　）

11. 时序逻辑电路的输出状态与前一刻电路的输出状态有关，还与电路当前的输入变量组合有关。（　　）

12. 同步计数器的计数速度比异步计数器快。（　　）

13. 移位寄存器不仅可以寄存代码，而且可以实现数据的串－并行转换和处理。（　　）

14. 双向移位寄存器既可以将数码向左移，也可以向右移。（　　）

15. 由 4 个触发器构成的计数器的容量是 16。（　　）

三、选择题

1. 下列（　　）不属于时序逻辑电路的范畴。

A. 译码器　　　　　B. 计数器　　　　　C. 寄存器　　　　　D. 移位寄存器

2. 下列几种触发器中，（　　）触发器的逻辑功能最灵活。

A. D 型　　　　　　　B. JK 型　　　　　　C. T 型　　　　　　D. RS 型

3. 同步时序逻辑电路和异步时序逻辑电路的区别在于异步时序电路(　　)。

A. 没有触发器　　　　　　　　　　B. 没有统一的时钟脉冲控制

C. 没有稳定状态　　　　　　　　　　D. 输出只与内部状态有关

4. 要使 JK 触发器的状态和当前状态相反，所加激励信号 J 和 K 应该是(　　)。

A. 00　　　　　　　B. 01　　　　　　C. 10　　　　　　D. 11

5. 双向移位寄存器的功能是(　　)。

A. 只能将数码左移　　　　　　　　B. 只能将数码右移

C. 既可以左移，又可以右移　　　　D. 不能确定

6. 构成计数器的基本单元电路是(　　)。

A. 或非门　　　　　B. 与非门　　　　　C. 同或门　　　　　D. 触发器

7. 下列(　　)不是描述时序逻辑电路的。

A. 驱动方程　　　　B. 输出方程　　　　C. 状态方程　　　　D. 逻辑函数式方程

8. 要使 JK 触发器的状态由 0 转为 1，所加激励信号 JK 应为(　　)。

A. $0\times$　　　　　　B. $1\times$　　　　　　C. $\times1$　　　　　　D. $\times0$

9. 移位寄存器不能实现的功能为(　　)。

A. 存储代码　　　　　　　　　　　B. 移位

C. 数据的串行、并行转换　　　　　D. 计数

10. 要使 JK 触发器在时钟作用下的次态与现态相反，JK 取值应为(　　)。

A. $JK=00$　　　B. $JK=01$　　　C. $JK=10$　　　D. $JK=11$

11. 组成一个模为 60 的计数器，至少需要(　　)个触发器。

A. 6　　　　　　B. 7　　　　　　C. 8　　　　　　D. 9

12. 同步时序电路和异步时序电路比较，其差异在于后者(　　)。

A. 没有触发器　　　　　　　　　　B. 没有统一的时钟脉冲控制

C. 没有稳定状态　　　　　　　　　D. 输出只与内部状态有关

13. 时序逻辑电路中一定含(　　)。

A. 触发器　　　B. 组合逻辑电路　　C. 移位寄存器　　D. 译码器

14. 8 位移位寄存器串行输入时经(　　)个脉冲后，8 位数码全部移入寄存器中。

A. 1　　　　　　B. 2　　　　　　C. 4　　　　　　D. 8

15. 计数器可以用于实现(　　)，也可以用于实现(　　)。

A. 定时器　　　　B. 寄存器　　　　C. 分配器　　　　D. 分频器

16. 用 n 个触发器构成扭环型计数器，可得到的最大计数长度是(　　)。

A. n　　　　　B. $2n$　　　　　C. 2^n　　　　　D. 2^n-1

17. 一个 4 位移位寄存器可以构成最长计数器的长度是(　　)。

A. 8　　　　　B. 12　　　　　C. 15　　　　　D. 16

四、解答题

1. 时序逻辑电路的分析题。分析图 6-46 所示的时序逻辑电路，写出电路的驱动方程、状态方程和输出方程，画出电路的状态转换图，说明电路实现的逻辑功能。其中，A 为输入变量。

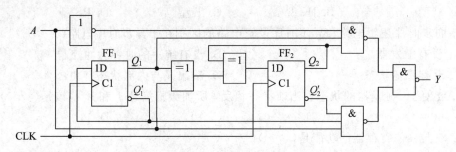

图 6-46 时序逻辑电路

2. 计数器的分析题。集成 4 位二进制加法计数器 74LS161 的连接图如图 6-47 所示，LD 是预置控制端；D_0、D_1、D_2、D_3 是预置数据输入端；Q_3、Q_2、Q_1、Q_0 是触发器的输出端，Q_0 是最低位，Q_3 是最高位；LD 为低电平时电路开始置数，LD 为高电平时电路开始计数。试分析电路的功能。要求：

（1）画出状态转换图；

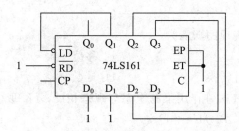

图 6-47 集成 4 位二进制加法计数器的连接图

（2）检验自启动能力；

（3）说明计数模值。

项目 7 数/模混合电路的设计

项 目 概 述

通过本项目的学习，学生应掌握 A/D、D/A 电路的性能参数，输入/输出特性和与 CPU 的接口，掌握常用的 AD0809、DA0832 两种芯片的特性和使用方法，会使用常用的 A/D、D/A 芯片设计实际应用电路，掌握数字电位器的特点、基本工作原理和三线加/减式接口的数控电位器的原理与应用，掌握数字式电位器的常用应用电路，掌握使用数字式电位器设计数控式电源的设计方法。

任务 7.1 电子秤电路的设计

任务目标

学习目标：掌握 A/D、D/A 电路的组成和工作原理，掌握常用的 A/D、D/A 芯片的使用方法。

能力目标：掌握使用常用的 A/D、D/A 芯片设计电路的方法。

任务分析

通过对 A/D、D/A 电路的组成和工作原理的学习，掌握常用的 A/D、D/A 芯片的使用方法，并利用该芯片完成电子秤电路的设计。

知识链接

当计算机用于数据采集和过程控制的时候，采集对象往往是连续变化的物理量（如温度、压力、声波等），但计算机处理的是离散的数字量，因此需要对连续变化的物理量（模拟量）进行采样、保持，再把模拟量转换为数字量交给计算机处理、保存等。计算机输出的数字量有时需要转换为模拟量去控制某些执行元件（如声卡播放音乐等）。A/D 转换器完成模拟量到数字量的转换，D/A 转换器完成数字量到模拟量的转换。

这里的 A/D、D/A 转换器可视作外部设备，将微机系统的离散的数字信号和设备中连续变化的模拟量两者建立适配关系，使 CPU 能进行控制与监测。

7.1.1 D/A 转换器

1. D/A 转换器的主要性能参数

1）分辨率

分辨率描述 D/A 转换对输入变量变化的敏感程度，具体指 D/A 转换器能分辨的最小电压值。

分辨率的表示有以下两种：

(1) 最小输出电压与最大输出电压之比。

(2) 用输入端待进行转换的二进制数的位数来表示，位数越多，分辨率越高。

分辨率的表示式为

$$分辨率 = \frac{U_{\mathrm{REF}}}{2^{位数}}$$

或

$$分辨率 = \frac{U_{\mathrm{REF+}} + U_{\mathrm{REF-}}}{2^{位数}}$$

若 $U_{\mathrm{REF}} = 5$ V，则 8 位 D/A 转换器的分辨率为 5/256 = 20 mV。

2) 转换时间

转换时间指数字量输入到模拟量输出达到稳定所需的时间。一般电流型 D/A 转换器在几秒到几百微秒之内；而电压型 D/A 转换器转换较慢，取决于运算放大器的响应时间。

3) 转换精度

转换精度指 D/A 转换器实际输出与理论值之间的误差，一般采用数字量的最低有效位(LSB)作为衡量单位。例如，$\pm\frac{1}{2}$LSB 表示当 D/A 分辨率为 20 mV 时，精度为 ±10 mV。

4) 线性度

线性度指当数字量变化时，D/A 转换器输出的模拟量按比例变化的程度。线性误差指模拟量输出值与理想输出值之间偏离的最大值。

2. DAC 的输入/输出特性

DAC(Digital to Analog Converter，数字/模拟转换器)是系统或设备中的一个功能器件。当将 DAC 接入系统时，不同的应用场合对其输入/输出有不同的要求。

DAC 的输入/输出特性一般考虑以下几个方面。

(1) 输入缓冲能力：DAC 的输入缓冲能力是非常重要的，具有缓冲能力(数据寄存器)的 DAC 芯片可直接与 CPU 或系统总线相连，否则必须添加锁存器。

(2) 输入码制：DAC 输入有二进制和 BCD 码两种。单极性 DAC 可接收二进制码和 BCD 码，双极性 DAC 接收偏移二进制码或补码。

(3) 输出类型：DAC 输出有电流型和电压型两种，用户可根据需要选择，也可进行电流—电压转换。

(4) 输出极性：DAC 有单极性和双极性两种，如果要求输出有正负变化，则必须使用双极性 DAC 芯片。

3. D/A 转换器与 CPU 的接口

1) 接口的功能(CPU 给 DAC 送数据无须条件查询)

DAC 芯片与 CPU 或系统总线连接时，可从数据总线宽度是否与 DAC 位数据匹配、DAC 是否具有数据寄存器这两个方面来考虑。

接口的功能主要考虑以下两点:

(1) 进行数据缓冲与锁存。

(2) 需进行两次数字量输入时,可在受控条件下同时进行转换。

2) 接口形式

(1) 直通。

(2) 通过外加三态门、数据锁存器与 CPU 相连。

(3) 通过可编程的 I/O 接口芯片与 CPU 相连。

4. D/A 转换器接口的设计

DAC0832 是一片典型的 8 位 DAC 芯片,与微处理器完全兼容。DAC0832 芯片以其价格低廉、接口简单、转换控制容易等优点,在单片机应用系统中得到了广泛的应用。DAC0832 的分辨率为 8 位,转换时间为 1 ms,芯片功耗为 20 mW。

DAC0832 的内部结构如图 7-1 所示,引脚如图 7-2 所示。图 7-3 所示为 DAC0832 与 CPU 的单缓冲方式连接示意图。

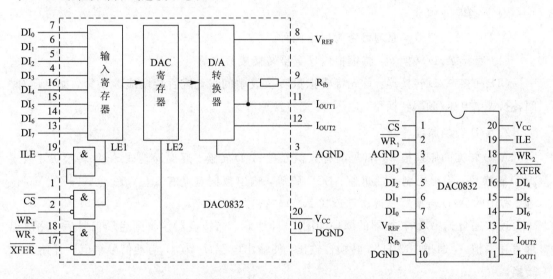

图 7-1　DAC0832 的内部结构　　　　　　　　图 7-2　DAC0832 的引脚图

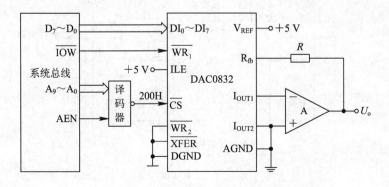

图 7-3　DAC0832 与 CPU 的单缓冲方式连接示意图

7.1.2　A/D 转换接口

在数据采集和过程控制中,被采集对象往往是连续变化的物理量(如温度、压力、声波等)。由于计算机只能处理离散的数字量,因此需要将连续变化的物理量转换为数字量,这一操作过程就是 A/D 转换。

1. A/D 转换器的分类

1) 按转换速度分类

A/D 转换器按转换速度分为以下几种。

(1) 超高速 A/D 转换器,其转换时间不超过 330 ns。

(2) 次超高速 A/D 转换器,其转换时间为 3.3~33 ms。

(3) 高速 A/D 转换器,其转换时间为 33~330 ms。

(4) 低速 A/D 转换器,其转换时间不超过 330 ms。

2) 按转换原理分类

A/D 转换器按转换原理可分为以下两种。

(1) 直接 A/D 转换器:将模拟信号直接转换成数字信号。

(2) 间接 A/D 转换器:首先将模拟量转换成中间量,然后转换成数字量,如电压/时间转换型、电压/频率转换型、电压/脉宽转换型等。

2. A/D 转换原理

A/D 转换的原理很多,常见的有双积分式 A/D 转换、逐次逼近式 A/D 转换、计数式 A/D 转换等,输出码制有二进制、BCD 码等,输出数据宽度有 8 位、12 位、16 位、20 位等。常用的 A/D 转换器是逐次逼近式 A/D 转换器。

逐次逼近式 A/D 转换器的原理如图 7-4 所示。当转换器接收到启动信号后,逐次逼近寄存器清 0,通过内部 D/A 转换器输出,使输出电压 U_o 为 0,启动信号结束后开始 A/D 转换。

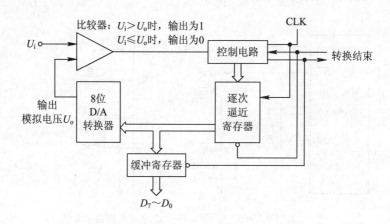

图 7-4　逐次逼近式 A/D 转换器的原理图

3. A/D 转换器的特性

A/D 转换器的功能是把模拟量转换为数字量，其主要参数如下所示。

1）分辨率

分辨率指 A/D 转换器可转换成数字量的最小电压值，反映 A/D 转换器对最小模拟输入值的敏感度。分辨率通常用 A/D 的位数表示，比如 8 位、10 位、12 位等。所以 A/D 转换器的输出数字量越多，其分辨率越高。例如，8 位 ADC 满量程为 5 V，则分辨率为 5000 mV/256＝20 mV，也就是说当模拟电压小于 20 mV 时，ADC 就不能转换了。所以分辨率的一般表示式为

$$分辨率 = \frac{U_{REF}}{2^{位数}} \quad (单极性)$$

或

$$分辨率 = \frac{U_{REF+} - U_{REF-}}{2^{位数}} \quad (双极性)$$

2）转换时间

转换时间指从输入启动转换信号到转换结束，得到稳定的数字量输出的时间。一般转换速度越快越好（特别是动态信号采集）。

常见的 A/D 转换器有以下几种。

（1）超高速 A/D 转换器，其转换时间小于 1 ns。

（2）高速 A/D 转换器，其转换时间小于 1 μs。

（3）中速 A/D 转换器，其转换时间小于 1 ms。

（4）低速 A/D 转换器，其转换时间小于 1 s。

如果采集对象是动态连续信号，则要求 $f_采 \geqslant 2f_信$，也就是说必须在信号的一个周期内采集 2 个以上数据，才能保证信号形态被还原（避免出现假频），这就是最小采样原理。若 $f_信=20$ kHz，则 $f_采 \geqslant 40$ kHz，其转换时间要求不超过 25 μs。

3）精度

精度分为绝对精度和相对精度。

（1）绝对精度：指一个给定的数字量的实际模拟量输入与理论模拟量输入之差。

（2）相对精度：指在整个转换范围内任一数字量所对应的模拟量实际值与理论值之差。

4）线性度

线性度是指当模拟量变化时，A/D 转换器输出的数字量按比例变化的程度。

5）量程

量程是指能够转换的电压的范围，如 0～5 V、0～10 V 等。

4. A/D 转换器与 CPU 的接口方式

1）ADC 与 CPU 直接相连

当 ADC 芯片内部带有数据锁存器和三态门（如 AD574、ADC0809 等）时，它们的数据输出可直接与 CPU 或数据总线相连。

2）ADC 用三态门与 CPU 相连

对于内部不带数据锁存器的 ADC 芯片（如 ADC1210、AD570 等），需外接三态锁存器后才能与 CPU 或系统总线相连。

3）ADC 通过 I/O 接口芯片与 CPU 相连

无论 ADC 内部有无数据锁存器，都可使用与 CPU 配套的并行 I/O 芯片与 ADC 相连，这样可简化接口电路，而且可使 A/D 的时序关系及电平与 CPU 保持一致，工作更可靠。

5. 8 位 ADC 连接与编程（ADC0809）

（1）ADC0809 在电路中连接的示意图如图 7-5 所示。

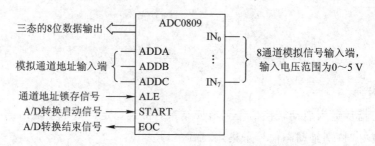

图 7-5　8 位 ADC 在电路中连接的示意图

（2）ADC0809 内部组成示意图如图 7-6 所示。

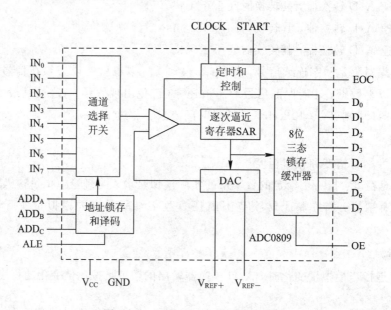

图 7-6　ADC0809 内部组成示意图

START 是 ADC0809 的 A/D 转换启动信号，高电平时内部逐次逼近寄存器清 0，由 1 至 0 变化时开始 A/D 转换，信号宽度大于 100 ns。CLOCK 为时钟信号，最大为 640 kHz。

（3）ADC0809 接口电路如图 7-7 所示。

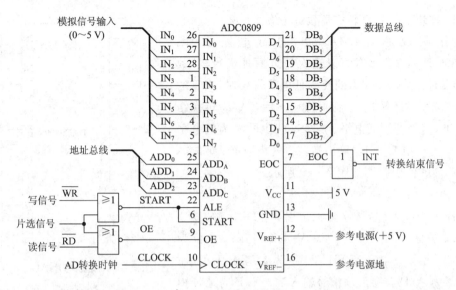

图 7 - 7 ADC0809 接口电路

7.1.3 数/模及模/数转换设计方案实例

1. 数/模及模/数转换设计总体要求

1) 设计要求

（1）实现 8 位数/模转换。

（2）采用分立元件设计。

（3）所设计的电路具有一定的抗干扰能力。

2) 设计环境要求

PC 要求安装 Windows XP 以上操作系统，应用软件需安装 Protel 99 SE、Multisim 2001、IE6.0 或其他浏览器、Office 2003。

3) 数/模及模/数转换电路设计方案

（1）模块一：D/A 转换器采用集成芯片 DAC0832 实现。

使用集成芯片 DAC0832 实现 D/A 转换的流程图如图 7 - 8 所示。

集成芯片 DAC0832 的引脚图如图 7 - 9 所示。

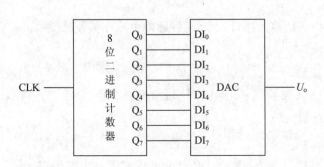

图 7 - 8 A/D 转换的流程图

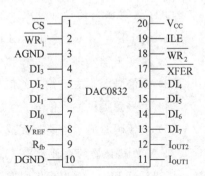

图 7 - 9 集成芯片 DAC0832 的引脚图

（2）模块二：A/D 转换器设计方案。

使用集成芯片 ADC0809 进行电路设计。
ADC0809 是频率为 8 位、以逐次逼近原理进行模/数
转换的器件。当$\overline{CS}$和$\overline{WR}$同时为低电平有效时，$\overline{WR}$的
上升沿启动 A/D 转换。经过 100 μs 后，A/D 转换结
束，$\overline{INTR}$信号变为低电平。当$\overline{CS}$和$\overline{WR}$同时为低电平
有效时，可以由 $D_0 \sim D_7$ 输出端获得转换数据。集成芯
片 ADC0809 的引脚图如图 7 - 10 所示。

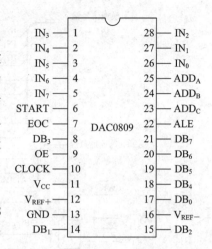

图 7 - 10　集成芯片 ADC0809 的
引脚图

引脚说明：

$DB_7 \sim DB_0$ 为 8 位数字量输出引脚；$IN_0 \sim IN_7$ 为 8
位模拟量输入引脚；V_{cc} 为 +5 V 工作电压；GND 为
地；V_{REF+} 为参考电压正端；V_{REF-} 为参考电压负端；
START 为 A/D 转换启动信号输入端；ALE 为地址锁
存允许信号输入端（以上两种信号用于启动 A/D 转
换）；EOC 为转换结束信号输出引脚，开始转换时为低电平，当转换结束时为高电平；OE
为输出允许控制端，用以打开三态数据输出锁存器。

4）D/A 转换器的方案选择

（1）DAC0832。DAC0832 的主要特点是其分辨率为 8 位，只需在满量程下调整其线性
度便可与所有的单片机或微处理器直接接口，需要时亦可不与微处理器连接而单独使用。
这里采用的 DAC0832 为单电源供电（+5～+15 V），功耗很低，约为 200 MW，电流稳定
时间为 1 μs，可双缓冲、单缓冲或直通数据输入，而且其逻辑电平输入采用并行输入，
DAC0832 逻辑输入满足 TTL 电平，可直接与 TTL 电路或微机电路连接。

（2）ADC0809。ADC0809 内部有一个 8 通道多路开关，它可以根据地址码锁存译码后
的信号，只选通 8 路模拟输入信号中的一个进行 A/D 转换。ADC0809 具有转换启停控制
端，转换时间为 100 μs，单个 +5 V 电源供电，模拟输入电压为 0～+5V，不需零点和满刻
度标准，功耗低（约 15 mW）。

2. 电路模块的设计步骤

1）D/A 转换器的设计步骤

（1）将 $DI_0 \sim DI_7$ 端接两个 LED 指示灯输入插口，CP 时钟脉冲由脉冲信号源提供。

（2）由变阻器实现输入的模拟电流值。

（3）由信号源来决定输入的信号波形。

（4）信号源提供输入信号，经过 D/A 转换器从 $DI_0 \sim DI_7$ 输出模拟信号。

（5）由数码管显示电路来完成数/模转换。

2）A/D 转换器的设计步骤

本设计采用 ADC0809 集成芯片实现 A/D 转换。ADC0809 的引脚图和内部组成示意
图分别见图 7 - 10、图 7 - 6 所示。

3）电路附属部分的设计步骤

（1）将 $D_0 \sim D_7$ 端接 LED 指示灯输入插口。模拟信号由模拟端输入的模拟交流电压和参考电压端输入的参考电压来提供。

（2）滑动变阻器可以随时改变电阻值，进而改变输入的模拟电压值。

（3）由信号源来决定输入的信号波形。信号源提供输入信号，模拟信号经过 ADC 从 $D_0 \sim D_7$ 输出数字信号。数码管显示模/数转换的具体数值。

修改各元件的参数，将电阻设为 5 kΩ，将交流电压设为 8 V，直流电压设为 12 V。信号发生器的频率设为 500 Hz，电压设为 5 V。

任务实施 便携式电子秤的设计

1. 设计要求

（1）设计一个 LED 数码显示的便携式电子秤。

（2）采用电阻应变式传感器。

（3）称重范围为 0～1.999 kg。

2. 设计总体方案

1）系统框图

便携式电子秤设计方案的系统框图如图 7-11 所示。

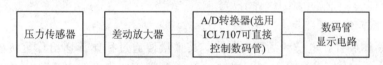

图 7-11　便携式电子秤的设计方案的系统框图

2）设计思路、工作原理

压力传感器实现压电转换，将压力转换为电信号。经过高精度差动放大器放大后，输入给模数转换器，从而控制数码管显示。

3）设计方案的优劣

优点：每个模块的功能单一，且没有复杂的编程问题；在调试整个系统时，可以比较方便地对每个模块进行测试，能够迅速找到出现问题的模块；比较容易制作。

缺点：功能单一，仅能作为日常生活使用；没有其他功能扩展。

系统各组成模块的电路关系如图 7-12 所示。

图 7-12　系统各组成模块电路关系图

3. 单元电路设计与分析

1）元器件清单

便携式电子秤设计所需元器件的清单如表 7.1 所示。

表 7.1　便携式电子秤的元器件清单

元件/集成块	型号	功能	说明
ICL7107	ICL7107	双积分 A/D 转换	将模拟信号转换为数字信号
R_1、R_2、R_3、R_4（可用 2 kg 称重传感器代替）	E350 - ZAA	箔式电阻应变片	传感器
R_{P1}	5 kΩ 电位器		
R_{P2}、R_{P3}	电位器		
电源	+5 V、−5 V	直流电源	
电阻	各阻值共 13 块：24 kΩ，47 kΩ，100 kΩ，1 kΩ，10 kΩ，5 kΩ 等	精密金属膜电阻	
电容	各容量共 5 块：0.1 μF，0.47 μF，0.22 μF，110 pF，0.02 μF	积分电路中不能用瓷片电容	
差动放大器	INA114ap		
数码管	LG5011BSR		

2）电子秤工作原理

当被称物体放置在电子秤的秤台上时，其重量便通过秤体传递给称重传感器，传感器随之产生力－电效应，将物体的重量转换成与被称物体重量成一定函数（一般成正比）关系的电信号（电压或电流），此信号经放大电路放大、滤波后传达给 A/D 转换器进行转换，数字信号经一定的电路进行输出显示。本次设计使用的是硬件电路，采用芯片 ICL7107。ICL7107 芯片是 3 位半的 A/D 转换芯片，是一般万用表上常用的芯片，它是经典的双积分 ADC，带显示驱动，可以直接连接显示数码管与芯片进行显示，电路结构比使用单片机简单得多，原理也清楚明了。

3）测量电路

电阻应变式传感器就是将被测物理量的变化转换成电阻值的变化，再经相应的测量电路，最后显示或记录被测量值的变化。在这里，我们用电阻应变式传感器作为测量电路的核心，并根据测量对象的要求，恰当地选择精度和范围。

（1）电阻应变式传感器的组成及原理。

电阻应变式传感器简称电阻应变计。当将电阻应变式传感器用特殊胶剂粘在被测构件的表面上时，其敏感元件将随构件一起变形，电阻值也随之变化，而电阻的变化与构件的变形保持一定的线性关系，因此可通过相应的二次仪表系统测得构件的变形。通过电阻应变式传感器在构件上的不同粘贴方式及电路的不同连接，可测得重力、变形、扭矩等机械参数。

（2）电阻应变式传感器的测量电路。

电阻应变式传感器的电阻变化范围为 0.0005～0.1 Ω，所以测量电路应当能精确测量

出很小的电阻变化。在电阻应变式传感器中最常用的是
桥式测量电路。桥式测量电路有四个电阻，电桥的一条对
角线接入工作电压 E，另一条对角线为输出电压 U_o，其
特点是：当四个桥臂电阻达到相应的关系时，电桥输出为
零，否则就有电压输出；可利用灵敏检流计来测量，所以
电桥能够精确地测量微小的电阻变化。桥式测量电路如
图 7 - 13 所示。

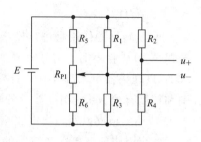

图 7 - 13　电阻应变式传感器的
桥式测量电路

桥式测量电路由箔式电阻应变片电阻 R_1、R_2、R_3、R_4
组成，电源由稳压电源 E 供给。物体的重量不同，电桥的
不平衡程度不同，指针式电表指示的数值也不同。滑动式线性可变电阻器 R_{P1} 作为物体重量
弹性应变的传感器，组成零调整电路，当载荷为零时，调节 R_{P1} 可使数码显示屏显示零。

4) 差动放大电路

(1) 差动放大电路原理。本次设计中要用到一个放大电路，即差动放大电路(其主要元件
就是差动放大器)。在许多需要 A/D 转换和数字采集的单片机系统中，多数情况下，传感器
输出的模拟信号都很微弱，必须通过一个模拟放大器对其
进行一定倍数的放大，才能满足 A/D 转换器对输入信号电
平的要求，此时必须选择一种符合要求的放大器。仪表仪器
放大器的选型有很多，我们这里使用一种用途非常广泛的
放大器——差动放大器 INA114ap。INA114ap 只需高精度
和几只电阻器，即可构成性能优异的仪表用放大器，广泛应
用于工业自动控制、仪器仪表、电气测量等数字采集系统
中。本设计中，差动放大电路结构图如图 7 - 14 所示。

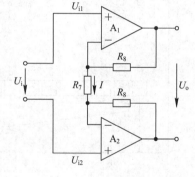

图 7 - 14　差动放大电路结构图

要求解放大倍数，必须从电流 I 入手。根据虚短的概念
及 $U_+ = U_-$，有 $I = U_i/R_7$，$U_o = (R_8 + R_8 + R_7)I$，则有

$$A_u = \frac{U_o}{U_i} = 1 + \frac{2R_8}{R_7}$$

(2) 差分放大电路与双积分型 A/D 转换器 ICL7107 的连线示意图如图 7 - 15 所示。

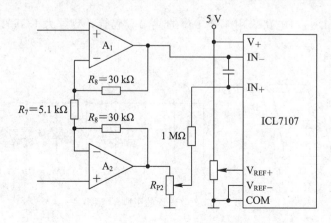

图 7 - 15　差分放大电路与 ICL7107 的连接示意图

5）A/D 转换电路

A/D 转换的作用是进行模/数转换，把接收到的模拟信号转换成数字信号后输出。在选择 A/D 转换器时，先要确定 A/D 转换器的位数，便携式电子秤的设计运用的是双积分式 A/D 转换器 ICL7107。A/D 转换器位数的确定与整个测量控制系统所需测量控制的范围和精度有关。系统精度涉及的环节很多，包括传感器的变换精度、信号预处理电路精度、A/D 转换器精度以及输出电路精度等。

各个引脚的连接以及组成的电阻、电容的值如图 7 - 16 所示。

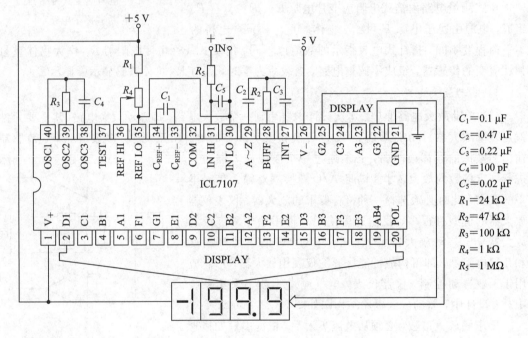

图 7 - 16　ICL7107 连线示意图

ICL7107 双积分型的 A/D 转换器的特点：直接输出 7 段译码信号；ICL7107 直接驱动 LED；3 位半显示的十进制 A/D 转换器；双积分型电路。

6）LED 显示电路

本设计中 LED 显示电路采用 4 个 1 位的共阳数码管，型号为 LG5011BSR，数码管的引脚图如图 7 - 17 所示。

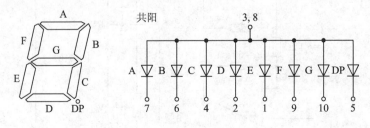

图 7 - 17　数码管的引脚示意图

7）A/D 转换器 ICL7107 与 LED 显示电路的连接

连接时将四个数码管的共阳极全连在一起接入＋5 V，其余引脚接入 ICL7107 相应的引脚上。由于是 3 位半显示，所以 A1～G1 为个位数，A2～G2 为十位数，A3～G3 为百位数，B4 与 C4 作为最高位，相连接入 19 引脚，G4 接入 20 引脚表示其极性。具体连接方法如图 7 - 18 所示。

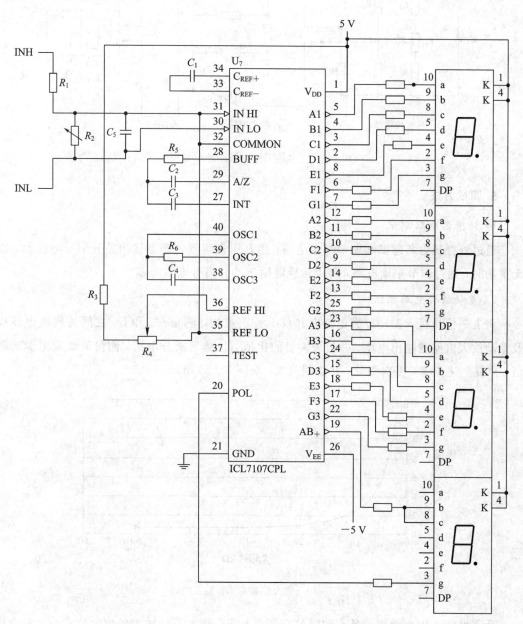

图 7 - 18　A/D 转换器 ICL7107 与 LED 显示电路的连接示意图

4. 总体工作电路原理图

工作电路原理图如图 7 - 19 所示，数显电子秤具有准确度高、易于制作、成本低廉、体积小巧、实用等特点。其分辨力为 1 g 左右，在 2 kg 的量程范围内经仔细调校，测量精度比较高。

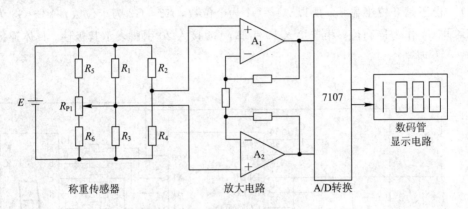

图 7 - 19 总体工作电路原理示意图

5. 调试方法

1）传感器电路测试

通过外接压力传感器和调节平衡电路，用万用表测量传感器输出差分信号电压值，在无重物时，通过调节平衡电路，使得传感器输出差分信号电压为零。

2）差动放大电路测试

将上一模块接入差动放大电路中并放上一定重物，测量 U_+ 和 U_- 之间的输出电压以及差动放大电路的输出电压，并记录两者的比值 G。然后断开电压，测量滑动变阻器的阻值。重复上述步骤，多次测量，并绘制曲线，如图 7 - 20 所示。

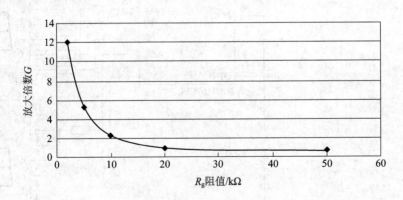

图 7 - 20 放大倍数和 R_g 关系曲线

所得曲线可近似看作一条双曲线的右半支，符合放大器的放大倍数的公式，因而该放大器正常。

3）A/D 转换及显示电路测试

当 ICL7107 的 36 引脚与 31 引脚短接，将滑动变阻器调到适合位置，使 LED 显示屏显示的数值为 1000，即相当于输入端加入 100mV 模拟电压，则表明该 A/D 转换器工作正常。

6. 系统方案总结

数显电子秤电路原理如图 7 - 19 所示，其主要部分为电阻应变式传感器 R_1、R_2、R_3、R_4 及 INA114ap 组成的测量放大电路，和 ICL7107 及外围元件组成的数显面板。

传感器 R_1 采用 E350 - ZAA 箔式电阻应变片，其常态阻值为 350 Ω。测量电路将产生的电阻应变量转换成电压信号输出。INA114ap 将经转换后的弱电压信号进行放大，作为 A/D 转换器的模拟电压输入。

当然，可能还有这样那样的问题，特别是非线性误差方面的问题，在实际的制作中可以加以完善。

任务 7.2　基于数字电位器的数控式电源的设计

任务目标

学习目标：掌握数字电位器的工作原理和使用方法；掌握数字电位器构成的应用电路的原理和电路形式。

能力目标：掌握利用数字电位器构成应用电路的方法。

知识链接

传统的电位器是通过机械结构带动滑片改变电阻值，因此称作机械式电位器，其结构简单、价格低，但由于受到材料和工艺的限制，容易产生滑动片磨损，导致接触不良、系统噪声大，甚至工作失灵。

国外多家公司推出一种采用集成电路工艺生产的电位器，其外形像一只集成块，这种电位器采用数字信号控制，称为数字电位器，也称数控电位器（Digitally Control Potentiometer，DCP）。数控电位器一般带总线接口，可通过单片机或逻辑电路进行编程。数控电位器被称为连接数字电路和模拟电路的桥梁，真正实现了把模拟器件放到总线上。适合构成各种可编程模拟器件，例如可编程增益放大器、可编程滤波器、可编程线性稳压电源及音调/音量控制电路。

数控电位器可以应用于 PC，手机，闭环伺服控制，音频设备，仪器偏移调整及信号调理，智能式仪表，复印机、打印机等办公设备，电动机控制，全球定位系统，DSP 系统，家用电器，电力监控设备，工业控制，医疗设备等方面。也就是说，任何需要用电阻来进行参数调整、校准或控制的场合，都可使用数控电位器构成可编程模拟电路。

图 7 - 21 为常用机械电位器与数控电位器的外形图。

(a) 机械电位器　　　　　　(b) 直插式数控电位器　　　　(c) 贴片式数控电位器

图 7-21　常用机械电位器与数控电位器的外形图

7.2.1　机械电位器与数控电位器的性能比较

传统的机械电位器属于模拟式分立元件，其特点是在标称电阻范围内，通过改变滑动端的位置来获得所需要的任意电阻值。机械电位器的主要缺点如下：

(1) 性能差、噪声大、易污染、怕潮湿、抗振动性差，容易受环境因素的影响。

(2) 体积大、使用寿命短。

(3) 需要手动调节，不仅耗时、费力，而且调节方法及调节效果因人而异，存在人为误差，致使调节精度低，重复性差。

(4) 当触点接触不良时会产生电噪音。

与机械电位器相比，数控电位器的主要优点如下：

(1) 采用集成电路工艺，没有机械电位器特有的滑片，彻底解决了因滑片磨损而造成的接触不良的问题。

(2) 很容易与单片机或计算机接口，通过程序自动调节电阻值，能自动操作，为实现批量产品的自动调节创造了条件。

(3) 具有存储设置或数据的记忆功能。用户可设置记忆或不记忆方式。选择记忆方式时将电位器当前的调节位置保存在非易失存储器中，下次通电时自动恢复这一位置；选择不记忆方式时，当系统通电时数控电位器就自动复位，恢复到出厂时默认的零位或其他位置上。这一特性是机械电位器无法比拟的。

(4) 重复性好，可靠性高，密封性好，低噪声，不容易受污染，防潮湿，抗振动、抗冲击，基本不受温度、湿度、压力等环境因素的影响，使用寿命长，能提高系统的可靠性。

(5) 体积小，可直接安装在印刷板上，能简化生产流程，提高装配速度，降低系统的成本及维修费用。

利用数控电位器代替机械电位器，不仅能改进产品、降低成本、提高可靠性和稳定性，还能利用软件实现系统的自动调节、设置，使系统功能更强大，使用更灵活。

数控电位器有以下特点：

(1) 数控电位器可等效为三端可编程电阻。

(2) 互补电阻 kR 和 $(1-k)R$ 是输入代码的函数，其中 k 是数控电位器滑动端的位置，$0 \leqslant k \leqslant 1$。

(3) 数控电位器可视为能输出电阻值的一种特殊的数/模转换器。

(4) 数控电位器的输出电阻可转换成电压或电流输出。

数控电位器与机械电位器性能比较如表 7.2 所示。

表 7.2　数控电位器与机械电位器的性能比较

对比项目	数控电位器	机械电位器
生产厂家	美国 Catalyst 公司	Beyschlag Centralab 公司
产品型号	CAT5114	ST3
电阻规格/kΩ	10	10
允许偏差(%)	15	20
结构(分辨力)	32 抽头	单一方向 210°转角
封装形式	SOIC - 8(小型 IC)	3L
单价(数量＞100 片)/美元	0.75	1.35
安装费用/美元	0.04～0.08	0.04～0.08
调试费用/美元	≪0.01(自动调节)	0.12(人工调节)
使用寿命	无限长	200 个使用周期
可靠性指标	＞99.999%(即＜100FIT)	—

　　注意：滑动变阻器是电路中的一个重要元件，它可以通过移动滑片的位置来改变电阻。滑动变阻器的构成一般包括接线柱、滑片、电阻丝、金属杆和瓷筒等五部分，滑片 P 就是滑动电阻的中心抽头。为了改变变阻器的有效导电长度，从而达到改变电阻的目的。抽头具体位置见图 7 - 22 中的 P 点。

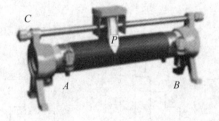

图 7 - 22　电位器外形图

7.2.2　数控电位器的基本工作原理

1. 符号和内部结构

数控电位器属于集成化的三端可变电阻器件，其等效电路图如图 7 - 23 所示。

当数控电位器作分压器使用时，其高端、低端、滑动端分别用 U_H、U_L、U_W 表示；作可调电阻器使用时，分别用 R_H、R_L、R_W(或 H、L、W)表示。

数控电位器的内部结构如图 7 - 24 所示。

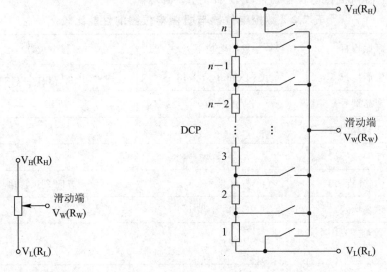

图 7-23　数控电位器的等效电路图　　　图 7-24　数控电位器的内部结构图

将 n 只阻值相同或不同的电阻串联在 V_H、V_L（也称作 R_H、R_L）端之间，每只电阻的两端分别经过一个由 CMOS 管或 NMOS 管构成的模拟开关连在一起，作为数控电位器（DCP）的抽头。模拟开关等效于单刀单掷开关，且在数字信号的控制下每次只能有一个模拟开关闭合，从而将串联电阻的一个结点连接到滑动端。

数控电位器的原理：假定数控电位器为 16 抽头，步进量为 660 Ω，滑动端每移动一步，输出电阻值就增加 660 Ω。考虑到滑动端无论处于哪一位置，都接着一只模拟开关，该模拟开关的电阻值就是滑动端电阻，也是数控电位器的起始电阻。现假定滑动端电阻为 100 Ω，当滑动端移动 15 步时就到达 R_H 端，与 R_L 端之间的输出电阻应为 100 Ω+660 $\Omega\times$15=10 kΩ。原理如图 7-25 所示。

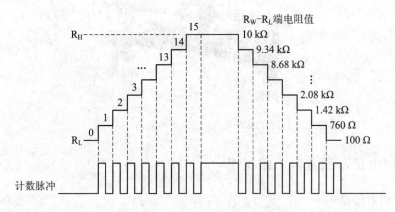

图 7-25　数控电位器的原理示意图

2. 数控电位器的两种基本配置模式

数控电位器有两种基本配置模式：一种为可调电阻器模式，另一种为分压器模式。

1) 可调电阻器模式

可调电阻器模式如图 7-26 所示。

设 H、L 端的总电阻为 R，滑动端电阻为 R_w，W-H 端的电阻为 R_{WH}，W-L 端的电阻为 R_{WL}。再假设数控电位器的位数为 m，对数控电位器进行编程的十进制代码为 D_n，D_n 的范围是 $0 \sim (2^m - 1)$。计算 R_{WH}、R_{WL} 的公式如下：

$$R_{WH} = \frac{2^m - D_n}{2^m} R + R_w \qquad (7-1)$$

$$R_{WL} = \frac{D_n}{2^m} R + R_w \qquad (7-2)$$

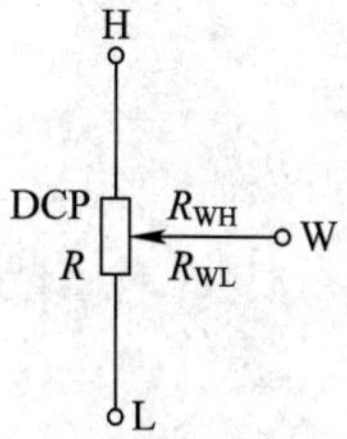

图 7-26　可调电阻器模式

2) 分压器模式

分压器模式如图 7-27 所示。

将数控电位器配置成分压器时，因抽头后面接的是高阻抗电路，故不必考虑滑动端电阻的影响，此时 R_{WH}、R_{WL} 分别用 R_H、R_L 代替。U_H、U_L 分别为 H、L 两端对地的电压，U_W 为输出端的对地电压。计算 R_H、R_L 的公式如下：

$$R_H = \frac{2^m - D_n}{2^m} R \qquad (7-3)$$

$$R_L = \frac{D_n}{2^m} R \qquad (7-4)$$

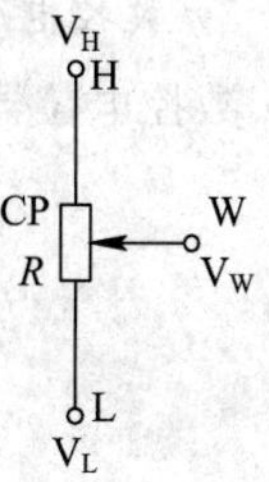

图 7-27　分压器模式

3. 数控电位器的连接方式

1) 数控电位器的串联

利用串联方法可增大数控电位器的阻值范围，串联方法如图 7-28 所示。

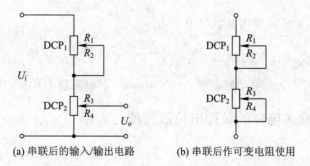

(a) 串联后的输入/输出电路　　　　(b) 串联后作可变电阻使用

图 7-28　数控电位器的串联

根据图 7-8 可以得出电压值为

$$U_o = \frac{R_4}{R_1 + R_3 + R_4} U_i \qquad (7-5)$$

2) 数控电位器的并联

数控电位器的并联如图 7-29 所示。

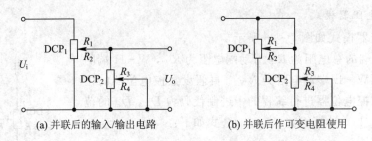

(a) 并联后的输入/输出电路　　　　　　(b) 并联后作可变电阻使用

图 7 - 29　数控电位器的并联

根据图 7 - 29(a)可以得出输出电压为

$$U_{\mathrm{o}}=\frac{R_2 /\!/ R_3}{R_1+R_2 /\!/ R_3}U_{\mathrm{i}} \qquad\qquad (7-6)$$

作可变电阻使用时的并联电路如图 7 - 29(b)所示,其总阻值为 $R_2 R_3/(R_2+R_3)$。

3) 数控电位器的混联

数控电位器的混联如图 7 - 30 所示。

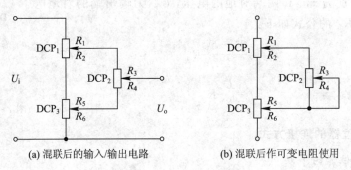

(a) 混联后的输入/输出电路　　　　　　(b) 混联后作可变电阻使用

图 7 - 30　数控电位器的混联

根据图 7 - 30(a)可以得出其输出电压为

$$U_{\mathrm{o}}=\frac{1}{R_1+R_6+(R_2+R_5)/\!/(R_3+R_4)}[R_6+R_4 /\!/ (R_2+R_5)]U_{\mathrm{i}} \qquad (7-7)$$

作可变电阻使用时的混联电路如图 7 - 30(b)所示,其总阻值为 $R_1+[(R_2+R_5)/\!/R_3]+R_6$。

7.2.3　三线加/减式接口的数控电位器原理与应用

1. 引脚排列

三线加/减式接口的数控电位器常用型号为 X931×、X9C×××系列。X931×、X9C×××系列是原 Xicor(现已并入 Intersil 公司)生产的数控电位器,其中,X931×系列包含 8 种型号:X9312,X9313,X9314,X9315,X9316,X9317,X9318,X9319;X9C×××系列包含 4 种型号:X9C102,X9C103,X9C104,X9C503。上述产品均可用于直流偏压调整、增益和失调电压调整、可编程稳压器、液晶显示器或激光二极管的偏压电路。X931×系列和 X9C×××系列的引脚排列完全相同,均采用 DIP - 8 或 SOIC - 8 封装,X931×、X9C×××系列的引脚排列如图 7 - 31 所示。

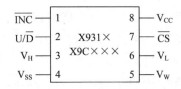

图 7 - 31　X931×、X9C×××系列的数控电位器引脚排列

2. X931×系列内部组成

X931×、X9C×××系列的数控电位器采用三线加/减式串行接口,简称三线接口,它属于异步串行接口,通过三根线来传送控制信号,包括片选信号线(CS)、滑动方向控制信号线(U/D̄)、滑动端控制信号线(ĪNC,又称计数脉冲输入信号线)。采用三线加/减式串行接口的数控电位器简化电路及基本用法分别如图 7 - 32(a)(b)所示。V_{CC}、GND 分别接电源和地。V_H、V_L 分别为数控电位器的高端和低端。V_W 为滑动端,滑动端位置的数据就存储在 E^2PROM 中,上电时可重新调用,数据能保存一百年。ĪNC 为计数脉冲输入端,靠下降沿触发。U/D̄ 为加/减计数控制端,接高电平时做加计数,接低电平时做减计数。CS 为片选端。

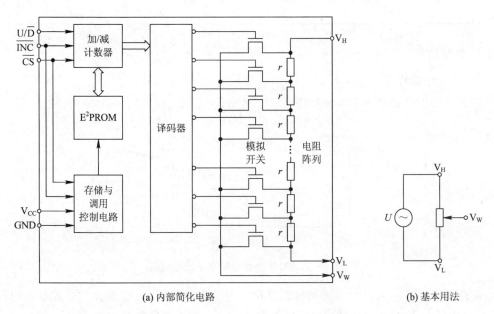

(a) 内部简化电路　　　　　　　　　(b) 基本用法

图 7 - 32　三线加/减式串行接口数控电位器的简化电路及基本用法

三线加/减式串行接口的数控电位器的内部主要包括以下 6 部分。

(1) 加/减计数器(又称升/降计数器)。

(2) E^2PROM。

(3) 存储与调用控制电路。

(4) 译码器。

(5) 由 MOSFET 构成模拟开关。

(6) 电阻网络。

三线加/减式串行接口的数控电位器经过三线串行接口$\overline{\text{INC}}$、U/$\overline{\text{D}}$、$\overline{\text{CS}}$与处理器相连。其基本工作原理是当$\overline{\text{CS}}$端接低电平(即选中该芯片)时，$\overline{\text{INC}}$端每输入一个脉冲，计数器就自动加1，所得到的计数值经过译码后，就接通相应的模拟开关，这相当于滑动端移动一次位置，输出电阻值亦随之改变，当U/$\overline{\text{D}}$接高电平时滑动端向上移位，使$V_W - V_L$之间的电阻值R_{WL}增大；当U/$\overline{\text{D}}$接低电平时向下移位，R_{WL}减小。

3. 工作模式

X931×、X9C×××系列有多种工作模式可供选择，表7.3为工作模式总表，表中的"×"代表任意状态，"↗"代表上升沿，"↘"代表下降沿。

表 7.3 X931×、X9C×××系列工作模式总表

$\overline{\text{CS}}$	$\overline{\text{INC}}$	U/$\overline{\text{D}}$	工作模式
0	↘	1	滑动端向上移位
0	↘	0	滑动端向下移位
↗	1	×	存储当前滑动端的位置
1	×	×	待机模式
↘	0	×	不存储，退回到待机模式

4. 典型应用

1）带缓冲器的基准电压源

带缓冲器的基准电压源电路如图7-33所示。

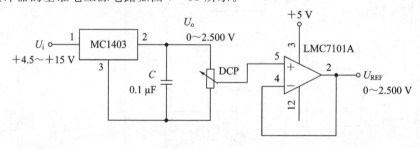

图 7-33 带缓冲器的基准电压源电路

电路工作原理：MC1403是美国摩托罗拉公司生产的高精度、低温漂的带隙基准电压电路，输出电压$U_o = 2.500$ V，输出电压误差为$\pm 0.1\%$，温度漂移为$10 \times 10^{-6}/℃$，输入电流为10 mA，输入电压$U_i = +4.5 \sim +15$ V，输出电压为$U_o = 2.500$ V(典型值)。U_o经过数字电位器分压后，得到$0 \sim 2.500$ V范围内的任意基准电压值。再经过由LMC7101A组成的缓冲器，获得所需要的基准电压U_{REF}。

2）手控调压电路

手控调压电路如图7-34所示。

电路工作原理：手控调压电路是由X9312构成$0 \sim +5.00$ V输出的按键式调压电路。将V_H端接$+5$ V，V_L端接地。从V_W端输出$0 \sim +5.00$ V的可调电压。这里R_1、R_2均为上拉电阻。若只按动开关S_1，输出电压就升高，每按一次S_1，电压就升高0.05 V，最高到

5.00 V。若按住 S_2 后不松开(使 U/D 端保持低电平),再按动 S_1 时,输出电压就会降低,每按一次 S_1,电压降低 0.05 V,最低到 0 V。因 CS 端接地,故不能对滑动端位置进行存储,每次上电时自动将输出电压调整到 0 V。

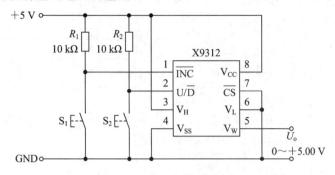

图 7-34　手控调压电路

3) 可编程增益音频功率放大器电路

可编程增益音频功率放大器电路如图 7-35 所示。

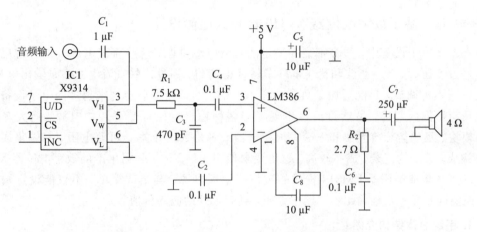

图 7-35　可编程增益音频功率放大器电路

电路工作原理:LM386 是美国 NSC 公司生产的低电源电压音频功率放大器,采用 +5 V 电源供电时,最大输出功率可达 250 mW。音频信号经过隔直电容 C_1 接 X9314 的 U_H 端,经过 X9314 分压后,再通过低通滤波器(R_1、C_3)滤除高频率噪声,送至 LM386 的同相输入端。LM386 的输出经过输出缓冲网络(R_2、C_6)和输出耦合电容 C_7,驱动 4 Ω 扬声器。当 LM386 的第 1 脚和第 8 脚开路时,其增益为 20 倍,折合 20lg20＝26 dB。若在第 1 脚和第 8 脚之间接上 10 μF 电容器 C_8,则增益可提高到 200 倍,折合 20lg200＝46 dB。单片机通过三线加/减式接口来控制 X9314 的输出电压,即可调节音频功率放大器的增益。此外,只需增加振荡电路及门电路后,X9314 还可配按键开关,实现手动控制增益。若采用 LM380 型音频功率放大器并使用 +12 V 电源,则最大输出功率可提高到 1 W。

4) X9312 与 89C2051 单片机的接口电路

X9312 型数控电位器与 89C2051 单片机的接口电路如图 7-36 所示。

电路工作原理:AT89C2051 是美国 ATMEL 公司生产的一种低电压、低成本、高性能

8 位单片机。X9312 的 $\overline{CS}$、$U/\overline{D}$、$\overline{INC}$ 控制端分别接 AT89C2051 的 P1.5、P1.6、P1.7 口线。由 R_1、C_1 构成上电复位电路，C_2、C_3 和石英晶体 JT 构成晶振电路。因单片机 I/O 口内部已经有上拉电阻，故上电时上述控制端均为高电平，X9312 处于待机状态。

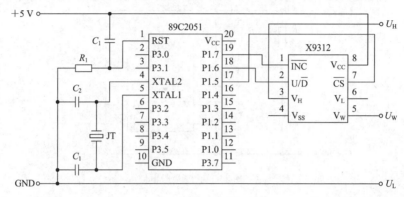

图 7-36 X9312 与 89C2051 单片机的接口电路

任务实施 **基于数字电位器 X9313 数控式电源设计**

在众多电子设备中，很多都需要稳定的直流电源供电，这些直流电源大多是将现有的市电经过变压、整流、滤波和稳压等环节转换得到的。不过这些直流电源多是输出电流小、输出电压不可调节，只能适用于负载电压不变的场合。而生活中越来越多的电子设备对电源电压有不同的要求，虽然目前也出现了很多种输出电压可变可调的电源，但大多采用 D/A 模块、集成运算放大器和三端集成稳压器或者是数字开关、可调电阻、三端集成稳压器等构成，其结构复杂，成本较高。这里要求使用美国 Xicor 公司生产的数字电位器 X9313 和三端可调集成稳压器 LM317 构成的数控式稳压电源，其结构简单，不仅能设定输出电压，还能同步显示当前输出值，操作方便，具有很好的应用价值。

1. 系统总体结构介绍

本系统是以数字电位器 X9313 为基础，结合 AT89S52 单片机的控制，通过改变数控电位器 X9313 的阻值，来使三端集成稳压电源 LM317 的参考电位发生变化，以实现对输出电压值的调整，并同步显示。其硬件原理方框图如图 7-37 所示。由变压、整流、滤波环节，AT89S52 最小系统，键盘电路，数字电位器 X9313，LM317 稳压电路，电压显示电路等六部分组成。系统通过"+""-"两个按键控制数字电位器 X9313 的阻值，以改变三端可调集成稳压电源的参考点电位来调整输出电压值，同时通过数码管实时显示。

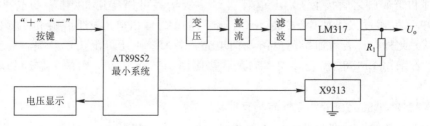

图 7-37 硬件原理方框图

2. 单元电路

1）数字电位器 X9313 介绍

数字电位器 X9313 是美国 Xicor 公司生产的 32 阶系列数控电位器，最大阻值有 1 kΩ、10 kΩ、50 kΩ、100 kΩ 四种，滑动增量分别为 32.3 Ω、323 Ω、2381 Ω、3226 Ω，最小电阻值 40 Ω，采用 8 脚封装。X9313 的内部框图如图 7-38 所示。

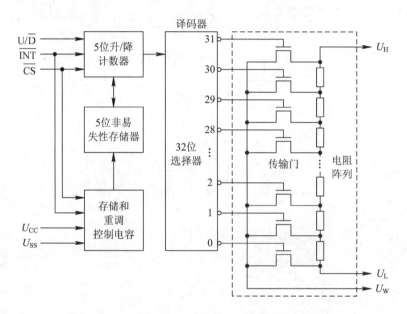

图 7-38 X9313 内部框图

2）电压调节电路

LM317 是可调节三端正电压可调稳压器，在输出电压范围为 1.2～37 V 时能够提供超过 1.5 A 的电流。使用方便，只需要两个外部电阻来设置输出电压。其内部具有限流、热关断和安全工作区补偿，能防止烧断保险丝。LM317 构成的电压调节电路如图 7-39 所示。

输出电压 U_o 为

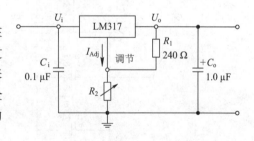

图 7-39 电压调节电路

$$U_o = 1.25U\left(1+\frac{R_2}{R_1}\right)+I_{Adj}R_2 \qquad (7-8)$$

3. 总电路图

当市电经过降压、整流、滤波后输出到集成稳压器 LM317 进行稳压，将 R_2 用数字电位器 X9313 和可调电位器 R_{P2} 替换后，只需要通过单片机控制改变电位器 X9313 的阻值，就可以实现输出电压的 31 级调整，精准控制可通过调整 R_{P2} 来实现。控制器 AT89S52 是一种低功耗、高性能 CMOS 8 位微控制器，具有 8 KB 系统可编程 Flash 存储器，与工业 80C51 产品指令和引脚完全兼容。它所使用的电源由三端集成稳压电源 LM7805CT 实现，如图 7-40 所示。

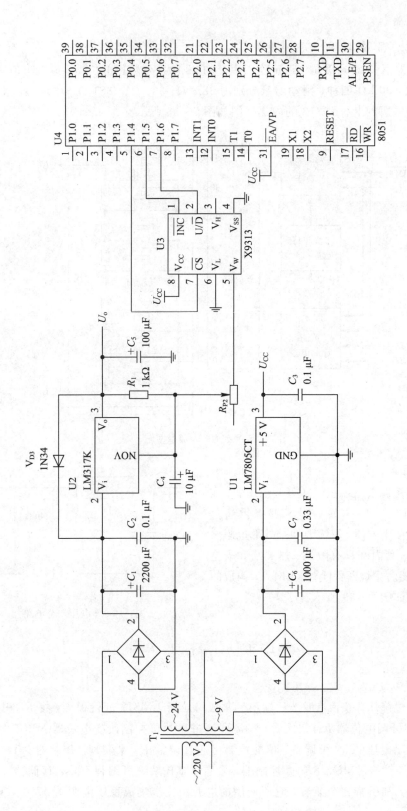

图7-40 总电路图

思考与练习题

一、填空题

1. 就实质而言，_____类似于译码器，_____类似于编码器。

2. 电压比较器相当于 1 位_____。

3. A/D 转换的过程可分为_____、保持、量化、编码 4 个步骤。

4. 就逐次逼近型和双积分型两种 A/D 转换器而言，_____的抗干扰能力强，_____的转换速度快。

5. A/D 转换器的两个最重要的指标是_____和转换速度。

二、选择题

1. 8 位 D/A 转换器的输入数字量只有最低位为 1 时，输出电压为 0.02 V，当输入数字量只有最高位为 1 时，输出电压为(   )V。

A. 0.039   B. 2.56   C. 1.27   D. 都不是

2. D/A 转换器的主要参数有(   )、转换精度和转换速度。

A. 分辨率   B. 输入电阻   C. 输出电阻   D. 参考电压

3. 图 7-41 所示的 $R-2R$ 网络型 D/A 转换器的转换公式为(   )。

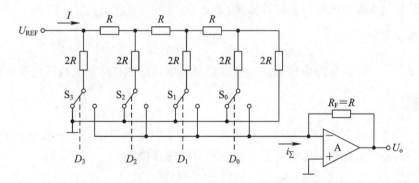

图 7-41 网络型 D/A 转换器

A. $U_o = -\dfrac{U_{REF}}{2^3}\sum\limits_{i=0}^{3} D_i \times 2^i$

B. $U_o = -\dfrac{2}{3}\dfrac{U_{REF}}{2^4}\sum\limits_{i=0}^{3} D_i \times 2^i$

C. $U_o = -\dfrac{U_{REF}}{2^4}\sum\limits_{i=0}^{3} D_i \times 2^i$

D. $U_o = \dfrac{U_{REF}}{2^4}\sum\limits_{i=0}^{3} D_i \times 2^i$

三、解答题

D/A 转换器可能存在哪几种转换误差？试分析误差的特点及其产生原因。

项目 8　稳压电源的设计

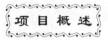

通过本项目的学习，掌握稳压电源和开关电源的基本原理和电路组成；掌握稳压电源的设计方法。

任务 8.1　稳压电源的设计

任务目标

学习目标：掌握稳压电源的基本原理和电路组成。

能力目标：掌握稳压电源的设计方法。

任务分析

通过学习，了解并掌握稳压电源的基本原理和电路组成，并完成稳压电源的设计。

知识链接

电子电路工作时都需要直流电源提供能量，电池因使用费用高，一般只用于低功耗便携式的仪器设备中，而长期稳定的能量还需要稳压电源提供。

8.1.1　稳压电源的组成

稳压电源的组成框图如图 8-1 所示。

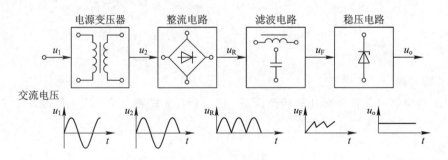

图 8-1　稳压电源的组成框图

由图 8-1 可知，稳压电源由 4 部分组成。各组成部分的作用如下：

（1）电源变压器是将工频交流电变为需要的任意电压的交流电。

（2）整流电路是将工频交流电转为具有直流电成分的脉动直流电。

（3）滤波电路是将脉动直流中的交流成分滤除，减少交流成分，增加直流成分。

（4）稳压电路对整流后的直流电压采用负反馈技术进一步稳定直流电压。

8.1.2　单相桥式整流电路

1. 工作原理

单相桥式整流电路的组成框图如图 8-2 所示。

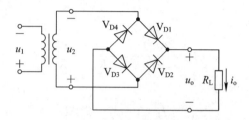

图 8-2　单相桥式整流电路的组成框图

单相桥式整流电路巧妙地利用二极管的单相导电性，分别构成了两组回路，无论变压器两端的极性如何，正极性端与电阻 R 的上端相连，负极性端与电阻 R 的下端相连。这样负载一直都有一个单方向的电压。

电路中电压和电流波形图如图 8-3 所示。

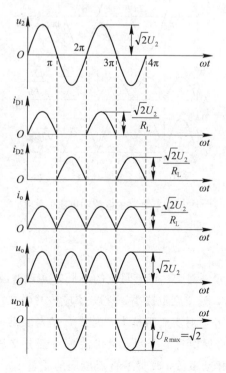

图 8-3　电路中电压和电流的波形图

在正半周时，二极管 V_{D1}、V_{D3} 导通，在负载电阻上得到正弦波的正半周。

在负半周时，二极管 V_{D2}、V_{D4} 导通，在负载电阻上得到正弦波的负半周。

在负载电阻上正、负半周经过合成，得到的是同一个方向的单向脉动电压。

2. 电路中的直流电压和直流电流

输出电压是单相脉动电压。通常用它的平均值与直流电压等效。

输出平均电压为

$$U_{L}=\frac{1}{\pi}\int_{0}^{\pi}\sqrt{2}U_{2}\sin\omega t\,\mathrm{d}\omega t=\frac{2\sqrt{2}}{\pi}U_{2}=0.9U_{2} \tag{8-1}$$

流过负载的平均电流为

$$I_{L}=\frac{2\sqrt{2}U_{2}}{\pi R_{L}}=\frac{0.9U_{2}}{R_{L}}=\frac{U_{L}}{R_{L}} \tag{8-2}$$

流过二极管的平均电流为

$$I_{D}=\frac{I_{L}}{2}=\frac{\sqrt{2}U_{2}}{\pi R_{L}}=\frac{0.45U_{2}}{R_{L}} \tag{8-3}$$

二极管所承受的最大反向电压为

$$U_{R\max}=\sqrt{2}U_{2} \tag{8-4}$$

u_{2}、i_{L} 和 u_{L} 的关系如图 8-4 所示。

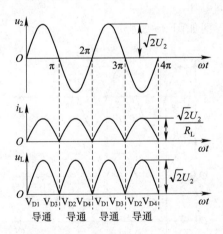

图 8-4　电路中电流和电压的关系

8.1.3　滤波电路

滤波电路利用电抗性元件对交、直流阻抗的不同来实现滤波。

电容器 C 对直流开路，对交流阻抗小，所以 C 应该并联在负载两端。

电感器 L 对直流阻抗小，对交流阻抗大，因此 L 应与负载串联。

经过滤波电路后，既可保留直流分量，又可滤掉一部分交流分量，改变了交、直流成分的比例，减小了电路的脉动系数，改善了直流电压的质量。

在负载电阻上并联了一个滤波电容 C，就构成了电容滤波电路，如图 8-5 所示。

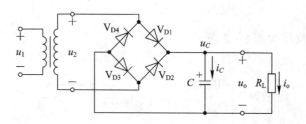

图 8-5　电容滤波电路

若电路处于正半周，二极管 V_{D1}、V_{D3} 导通，变压器次端电压 u_2 给电容器 C 充电。此时 C 相当于并联在 u_2 上，所以输出波形同 u_2，是正弦波。

在刚过 90°时，正弦曲线下降的速率很慢，所以刚过 90°时，二极管仍然导通。在超过 90°后的某个点，正弦曲线下降的速率越来越快，二极管关断。所以，在 t_1 到 t_2 时刻，二极管导电，C 充电，$u_C = u_L$ 按正弦规律变化；t_2 到 t_3 时刻二极管关断，$u_C = u_L$ 按指数曲线下降，放电时间常数为 $R_L C$。电容滤波电路各支路的电压和电流波形如图 8-6 所示。

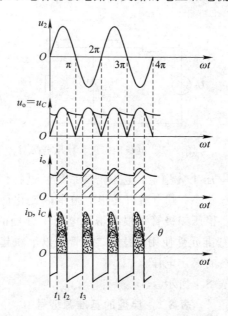

图 8-6　滤波电路的电压、电流波形关系

电容滤波的计算比较麻烦，因为决定输出电压的因素较多。工程上有详细的曲线可供查阅。一般常采用以下近似估算法，一种是用锯齿波近似表示，即

$$U_L = U_o = \sqrt{2}U_2\left(1 - \frac{T}{4R_L C}\right) \tag{8-5}$$

另一种是在 $R_L C = (3\sim5)T/2$ 的条件下，近似认为 $U_L = U_o = 1.2U_2$。或者，电容滤波要获得较好的效果，工程上也通常应满足 $\omega R_L C \geqslant 6\sim10$。

8.1.4　稳压电路

引起输出电压变化的原因是负载电流的变化和输入电压的变化。

1. 稳压电路

稳压电路的方框图如图 8-7 所示。

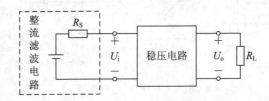

图 8-7　稳压电路的方框图

2. 稳压电路的种类

1）硅稳压二极管稳压电路

硅稳压二极管稳压电路的原理如图 8-8 所示。

利用稳压二极管的反向击穿特性来稳压，由于反向特性陡直，较大的电流变化只会引起较小的电压变化。

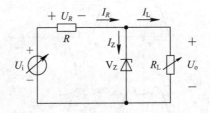

图 8-8　硅稳压二极管稳压电路

　　基准源一般是指击穿电压十分稳定，电压温度系数经过补偿了的稳压二极管。稳压二极管是利用 PN 结反向击穿状态，其电流可在很大范围内变化而电压基本不变的现象，制成的起稳压作用的二极管。稳压二极管是根据击穿电压来分挡的，因为这种特性，稳压管主要被作为稳压器或电压基准元件使用。稳压二极管可以串联起来以便在较高的电压上使用，通过串联就可获得更高的稳定电压。

　　典型的基准源型号如表 8.1 所示。

表 8.1　典型的基准源型号

型号	稳定电压/V	工作电流/mA	电压温度系数($\times 10^{-6}$)/℃
MC1403	$2.5\times(1\pm1\%)$	1.2	$10\sim100$
LM136/236/336	$2.5\sim5.0$	10 10	30 30
TL431	$2.5\sim36$	$0.4\sim100$	50
LM3999	$\pm6.95\times(1\pm5\%)$	10	5
AD2710K/L	10.000 ± 1 mV	10	2/1
MAX676	$4.096\times(1\pm0.01\%)$	5	1
MAX677	$5.000\times(1\pm0.01\%)$	5	1
MAX678	$10.000\times(1\pm0.01\%)$	5	1

2）串联反馈式稳压电源

稳压二极管的缺点是工作电流较小，稳定电压值不能连续调节。线性串联型稳压电源的工作电流较大，输出电压一般可连续调节，稳压性能优越。目前这种稳压电源已经制成单片集成电路，广泛应用在各种电子仪器和电子电路之中。

典型的串联反馈式稳压电路由基准电压、比较放大、调整、取样等几个部分组成，如图 8 - 9 所示。

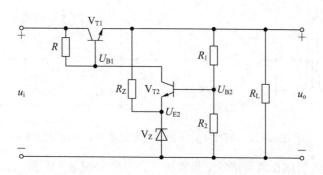

图 8 - 9　串联反馈式稳压电路

3）三端集成稳压器

将串联稳压电源和保护电路集成在一起就是集成稳压器。集成稳压器有输入端、输出端和公共端，称三端集成稳压器。要特别注意，不同型号、不同封装的集成稳压器，它们三个电极的位置是不同的，要查手册确定。

（1）集成稳压器的符号如图 8 - 10 所示。

（2）集成稳压器的外形图如图 8 - 11 所示。

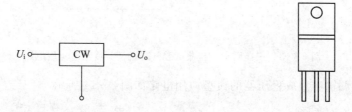

图 8 - 10　集成稳压器的符号　　　　　　　图 8 - 11　集成稳压器的外形图

（3）三端集成稳压器的分类。

① 三端固定正输出集成稳压器：国标型号为 CW78××/CW78M××/CW78L××。

② 三端固定负输出集成稳压器：国标型号为 CW79××/CW79M××/CW79L××。

③ 三端可调正输出集成稳压器：国标型号为 CW117××/CW117M××/CW117L××、CW217××/CW217M××/CW217L××、CW317××/CW317M××/CW317L××。

④ 三端可调负输出集成稳压器：国标型号为 CW137××/CW137M××/CW137L××、CW237××/CW237M××/CW237L××、CW337××/CW337M××/CW337L××。

⑤ 三端低压差集成稳压器。

⑥ 大电流三端集成稳压器。

以上型号中，编号 1 为军品级（为金属外壳或陶瓷封装，工作温度范围为 $-55\sim$ 150℃）；

编号 2 为工业品级（为金属外壳或陶瓷封装，工作温度范围为 $-25\sim150$℃）

编号 3 为民品级（多为塑料封装，工作温度范围为 $0\sim125$℃）

（4）三端稳压器的应用电路。

① 三端固定输出集成稳压器的典型应用电路如图 8 - 12 所示。

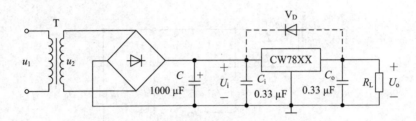

图 8 - 12　三端固定输出集成稳压器的典型应用电路

② 三端固定式集成稳压器的正、负输出应用电路如图 8 - 13 所示。

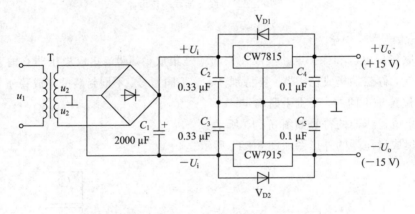

图 8 - 13　三端固定输出集成稳压器的正、负输出应用电路

③ 三端可调输出集成稳压器的典型应用电路如图 8 - 14 所示。

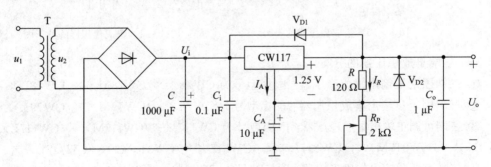

图 8 - 14　三端可调输出集成稳压器的典型应用电路

④ 三端可调式集成稳压器的正、负输出的典型应用电路如图 8 - 15 所示。

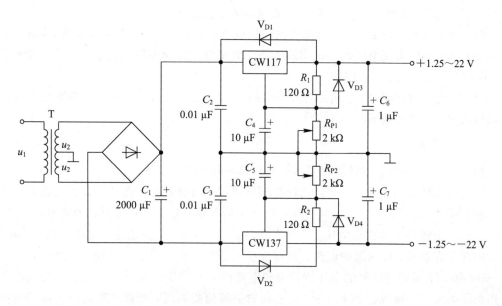

图 8 - 15　三端可调式集成稳压器的正、负输出的典型应用电路

可调输出三端集成稳压器的内部，在输出端和公共端之间是 1.25 V 的参考源，因此输出电压可通过电位器调节。公式为

$$U_o = U_{REF} + \frac{U_{REF}}{R_1} R_P + I_A R_P \approx 1.25 \times \left(1 + \frac{R_P}{R_1}\right) \tag{8-6}$$

任务实施　直流稳压电源的设计

1. 设计目的

（1）学习基本理论在实践中综合运用的初步经验，掌握模拟电路设计的基本方法、设计步骤，培养综合设计与调试能力。

（2）学会直流稳压电源的设计方法和性能指标测试方法。

（3）培养实践技能，提高分析和解决实际问题的能力。

2. 设计任务及要求

（1）设计并制作一个连续可调直流稳压电源，主要技术指标要求：

① 输出电压可调：$U_o = +3 \sim +9$ V；

② 最大输出电流：$I_{omax} = 800$ mA；

③ 输出电压变化量：$\Delta U_o \leqslant 15$ mV；

④ 稳压系数：$S_V \leqslant 0.003$。

（2）设计电路结构，选择电路元件，计算确定元件参数，画出实用原理电路图。

（3）自拟实验方法、步骤及数据表格，提出测试所需仪器及元器件的规格、数量，交指导教师审核。

（4）批准后，进实验室进行组装、调试，并测试其主要性能参数。

3. 直流稳压电源设计思路

（1）电网供电电压交流电采用 220V（有效值），50 Hz，要想获得低压直流输出，首先必须采用电源变压器将电网电压降低获得所需要的交流电压。

（2）降压后的交流电压，通过整流电路变成单向直流电，但其幅度变化大（即脉动大）。

（3）脉动大的直流电压须经过滤波电路变成平滑、脉动小的直流电，即将交流成份滤掉，保留其直流成分。

（4）滤波后的直流电压，再通过稳压电路稳压，便可得到基本不受外界影响的稳定直流电压输出，供给负载 R_L。

4. 设计方法

1）根据设计所要求的性能指标选择集成三端稳压器

因为要求输出电压可调，所以选择三端可调式集成稳压器。常见的可调式集成稳压器主要有 CW317、CW337、LM317、LM337。317 系列稳压器输出连续可调的正电压，337 系列稳压器输出连续可调的负电压，可调范围为 1.2～37 V，最大输出电流 I_{omax} 为 1.5 A。稳压器内部含有过流、过热保护电路，具有安全可靠、性能优良、不易损坏、使用方便等优点。317 和 377 系列稳压器的电压调整率和电流调整率均优于固定式集成稳压构成的可调电压稳压电源。LM317 系列和 LM337 系列的引脚功能相同。可调式集成稳压器的典型电路如图 8-16 所示。

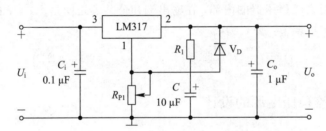

图 8-16　可调式集成稳压器的典型电路

输出电压表达式为

$$U_o = 1.25\left(1 + \frac{R_{P1}}{R_1}\right)$$

式中，1.25 是集成稳压块输出端与调整端之间的固有参考电压 U_{REF}，此电压加于给定电阻 R_1 两端，将产生一个恒定电流通过输出电压调节电位器 R_{P1}，电阻 R_1 的取值范围为 120～240 Ω，R_{P1} 一般使用精密电位器，与其并联的电容器 C 可进一步减小输出电压的纹波。图 8-16 中加入了二极管 V_D，用于防止输出端短路时，10 μF 的大电容放电倒灌入三端稳压器而被损坏。

LM317 系列的特性参数：

输出电压可调范围：1.2～37 V。

输出负载电流：1.5 A。

输入与输出工作压差（$\Delta U = U_i - U_o$）：3～40 V。

LM317 系列稳压器能满足设计要求，故选用 LM317 组成稳压电路。

2）选择电源变压器

（1）确定副边电压 U_2。

根据性能指标要求，$U_{\text{omin}}=3$ V，$U_{\text{omax}}=9$ V，因为 $U_{\text{i}}-U_{\text{omax}} \geqslant (U_{\text{i}}-U_{\text{o}})_{\text{min}}$，$U_{\text{i}}-U_{\text{oin}} \leqslant (U_{\text{i}}-U_{\text{o}})_{\text{max}}$，其中，$(U_{\text{i}}-U_{\text{oin}})_{\text{min}}=3$ V，$(U_{\text{i}}-U_{\text{o}})_{\text{max}}=40$ V，所以 12 V$\leqslant U_{\text{i}} \leqslant 43$ V。此范围中可任选 $U_{\text{i}}=14$ V$=U_{\text{o1}}$。根据 $U_{\text{o1}}=(1.1 \sim 1.2)U_2$，可得变压的副边电压为

$$U_2 = \frac{U_{\text{o1}}}{1.15} \approx 12 \text{ V}$$

（2）确定变压器副边电流 I_2。

因为 $I_{\text{o1}}=I_{\text{o}}$，副边电流 $I_2=(1.5 \sim 2)I_{\text{o1}}$，取 $I_{\text{o}}=I_{\text{omax}}=800$ mA，则

$$I_2 = 1.5 \times 0.8 \text{ A} = 1.2 \text{ A}$$

（3）选择变压器的功率。

变压器的输出功率为

$$P_{\text{o}} > I_2 \cdot U_2 = 14.4 \text{ W}$$

3）选择整流电路中的二极管

因为变压器的副边电压 $U_2=12$ V，所以桥式整流电路中的二极管承受的最高反向电压为

$$\sqrt{2}U_2 \approx 17 \text{ V}$$

桥式整流电路中二极管承受的最高平均电流为

$$\frac{I_{\text{o}}}{2} = \frac{0.8}{2} = 0.4 \text{ A}$$

查手册选整流二极管 IN4001，其参数为反向击穿电压 $U_{\text{BR}}=50$ V>17 V，最大整流电流 $I_{\text{F}}=1$ A>0.4 A。

4）滤波电路中滤波电容的选择

滤波电容的大小可用式 $C=\dfrac{I_{\text{o}}t}{\Delta U_{\text{i}}}$ 求得。

（1）求 ΔU_{i}。

根据稳压电路稳压系数的定义，有

$$S_{\text{V}} = \frac{\Delta U_{\text{o}}/U_{\text{o}}}{\Delta U_{\text{i}}/U_{\text{i}}}$$

设计要求 $\Delta U_{\text{o}} \leqslant 15$ mV，$S_{\text{V}} \leqslant 0.003$，$U_{\text{o}}=+3 \sim +9$ V，代入上式，则可求得 $\Delta U_{\text{i}}=14$ V。

（2）滤波电容 C。

设定 $I_{\text{o}}=I_{\text{omax}}=0.8$ A，$t=0.01$ s，则可求得 C。

电路中滤波电容承受的最高电压为 $\sqrt{2}U_2 \approx 17$ V，所以所选电容器的耐压应大于 17 V。

注意：因为大容量电解电容有一定的绕制电感分布电感，易引起自激振荡，形成高频干扰，所以稳压器的输入、输出端常并入瓷介质小容量电容用来抵消电感效应，抑制高频干扰。

5. 实验设备及元器件

实验中需要用到的设备及元器件如下：

（1）万用表；

（2）示波器；

（3）交流毫伏表；

（4）一片三端可调的稳压器 LM317。

6. 测试要求

（1）测试并记录电路中各环节的输出波形。

（2）测量稳压电源输出电压的调整范围及最大输出电流。

（3）测量输出电阻 R_o。

（4）测量稳压系数。

用改变输入交流电压的方法，模拟 U_i 的变化，测出对应的输出直流电压的变化，则可算出稳压系数 S_v。注意：用调压器使 220 V 交流改变 $\pm 10\%$。即 $\Delta U_i = 44$ V。

（5）用毫伏表可测量输出直流电压中的交流纹波电压的大小，并用示波器观察、记录其波形。

（6）分析测量结果，讨论并提出改进意见。

任务 8.2　开关稳压电源的设计

任务目标

学习目标：掌握开关稳压电源的基本原理和电路组成。

能力目标：掌握开关稳压电源的设计方法。

任务分析

通过学习，了解并掌握开关稳压电源的基本原理和电路组成。

知识链接

8.2.1　开关稳压电源的基本工作原理

1. 开关稳压电源与串联调整型稳压电源的比较

稳压电源是使用电子电路调整输出电压达到稳定目的的电源，有串联型稳压电源、并联型稳压电源、开关稳压电源（开关电源也是稳压电源，但稳压电源不能直接称为开关电源）。

普通的串联稳压电源都安装有电源变压器，具有输出电压稳定、波纹小等优点，但电压范围小，效率低。并联稳压电源输出电压特别稳定，但负载能力很差，一般只在仪表内部做基准用。

开关稳压电源的效率高，电压范围宽，输出电压相对稳定，由于开关管工作在开关状态，功耗小，所以开关电源的工作效率可达 $80\% \sim 90\%$。而通常的线性调整式稳压电源的效率仅达 50% 左右。

开关稳压电源是近代普遍推广的稳压电源，应用于电脑的 ATX 电源、笔记本电脑的电源适配器、打印机电源、手机充电器等。稳压电源在负载功率变化时，输出电压仍然保持固定的电压值。串联调整型稳压电源和开关稳压电源的比较如表 8.2 所示。

表 8.2　串联调整型稳压电源和开关稳压电源的比较

比较项目	串联调整型稳压电源	开关稳压电源
电源变压器与脉冲变压器比较	工作频率低，铁芯体积大，质量重	工作频率高，磁芯体积小，质量轻
调整管与开关管比较	工作频率低，功耗大，效率低	工作频率高，功耗小，效率高
整流和滤波电路比较	整流二极管反向耐压低，滤波容量大	整流二极管反向耐压高，滤波容量小
电路复杂性综合比较	电路简单	控制和保护电路复杂，工作原理复杂

2. 开关稳压电源的分类

1）按电路的连接方式分类

根据开关管在电路中的连接方式进行分类，可分为串联型开关稳压电源、并联型开关稳压电源和脉冲变压器耦合式开关电源。图 8-17 所示为三种类型开关电源电路的原理图。

（1）串联型开关稳压电源是指开关管（或储能电感）与负载采用串接方式连接的一种电源电路，如图 8-17(a)所示。

（2）并联型开关稳压电源是指开关管（或储能电感）与负载采用并接方式连接的一种电源电路，如图 8-17(b)所示。

（3）脉冲变压器耦合型开关稳压电路电源是指开关管与脉冲变压器一次绕组串联后与整流电路并联连接的一种电源电路，如图 8-17(c)所示。

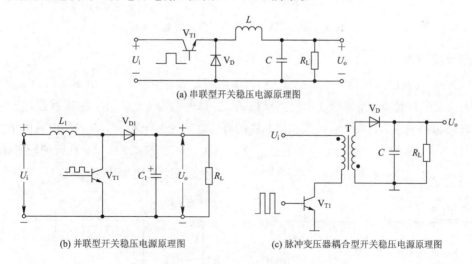

(a) 串联型开关稳压电源原理图

(b) 并联型开关稳压电源原理图　　　(c) 脉冲变压器耦合型开关稳压电源原理图

图 8-17　三种类型开关电源电路的原理图

2）按激励方式分类

根据开关管的激励方式进行分类，开关电源可分为自激式开关稳压电源和他激式开关稳压电源。

（1）自激式开关稳压电源是利用电源电路中的正反馈电路来完成自激振荡，启动电源。

（2）他激式开关稳压电源电路是专门设有一个振荡器来启动电源的。

3）按控制方式分类

根据稳压的控制方式进行分类，开关稳压电源可分为脉冲调宽式和脉冲调频式两种。

（1）脉冲调宽式开关稳压电源是指由相关电路对开关的脉冲宽度进行调制的一种稳压电路。

（2）脉冲调频式开关稳压电源是指由相关电路对开关的脉冲频率进行调制的一种稳压电路。

3. 串联型开关稳压电源电路的工作原理

1）串联型开关稳压电源

串联型开关稳压电源是指开关管串联在输入电压与负载电路之间的一种电源电路。

2）基本电路

串联型开关稳压电源的基本电路如图 8-18 所示。在该电路中，V_{T1} 为开关管，V_{D1} 为续流二极管，L 为储能电感，C 为滤波电容，R_L 为负载电阻。

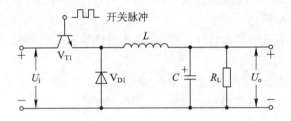

图 8-18　串联型开关稳压电源的基本电路

3）工作原理

（1）V_{T1} 基极输入正脉冲：开关管 V_{T1} 正偏饱和导通，如图 8-19 所示输出的电压 U_i 一路加到续流二极管 V_{D1} 的负极上，使其反偏截止；另一路经 L、C、R_L 形成回路，电流经 L 对电容 C 进行充电，也对 R_L 负载供电。线圈自感电压为左＋右－，以阻碍电流的增大。

（2）V_{T1} 基极输入负脉冲：开关管 V_{T1} 反偏截止，如图 8-20 所示，从而切断了输入电压 U_i 向负载供电的通路。但由于电感中的电流不会突变，在电感中会感应出右＋、左－的

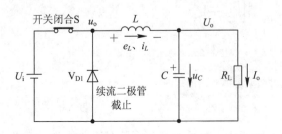

图 8-19　V_{T1} 基极输入正脉冲

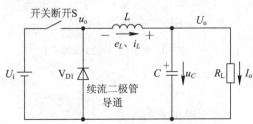

图 8-20　V_{T1} 基极输入负脉冲

电压。该电压会使续流二极管正偏导通，储存在电感 L 中的能量就会通过 V_{D1} 导通的二极管继续向电容 C 充电，同时也为负载提供工作电流，以维持负载电流的连续性。电路要求电容耐压值高，一般不小于输入电源的 2 倍。

图 8-21 是电路图中几个关键点的电压和电流波形。图中(a)(b)(c)分别是控制开关 S 的占空比 $D=0.5$、$D<0.5$、$D>0.5$ 时，输出电压 u_o 的波形、储能滤波电容两端电压 u_C 的波形、储能电感 L 电流 i_L 的波形。图中，U_a 是占空比为 0.5 时的输出电压值。

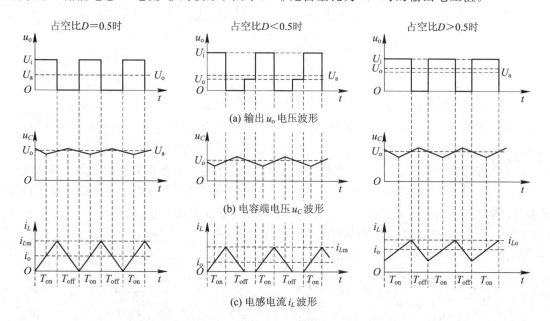

图 8-21　关键点的电压和电流波形

电压波形小结：

（1）占空比大，电源输出电压 U_o 就大，但电压波动也大；相反，占空比小，电源输出电压 U_o 就小。

（2）当占空比 $D=0.5$ 时，电源输出电压为脉冲电压的平均值，且电压较稳定。

4）串联型开关稳压电源电路的分析

对串联型开关稳压电源作如下几点说明。

（1）由于输入电压没有隔离电路，所以整个电路是带电的，称为热地板，在调试和修理时要注意安全。

（2）由于开关管与负载串联，因此对开关管的反向耐压要求不高。

（3）串联型开关电源基本电路只能输出一个直流电压，而且输出电压低于输入电压。

4. 并联型开关稳压电路的工作原理

1）基本电路

并联型开关稳压电源的基本电路如图 8-22 所示。在该电路中，L 为储能电感，V_{D1} 为脉冲整流二极管，C 为滤波电容，R_L 为负载电路。

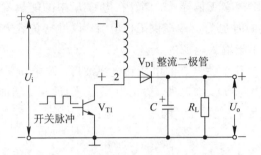

图 8 - 22　并联型开关稳压电源的基本电路

2) 工作原理

（1）V_{T1} 基极输入正脉冲：开关管 V_{T1} 正偏导通，脉冲整流二极管 V_{D1} 反偏截止。负载 R_L 上的电压、电流是由此前电容 C 上所充的电压提供。此时电容 C 起着对负载续流（I_{C1}）的作用，电容 C 称为续流电容。图 8 - 23 所示为 V_{T1} 饱和导通时的等效电路。

（2）V_{T1} 基极输入负脉冲：开关管 V_{T1} 反偏截止，切断了电感 L 对地回路的电流，由于电感中电流不会突变，在电感上会感应出上负下正的感应电压，该电压与电源电压之和会使 V_{D1} 整流二极管处于正偏导通，并向电容 C 充电，且对负载供电，此时 $I_d = I_{C2} + I_o$。图 8 - 24 所示为 V_{T1} 截止时的等效电路。

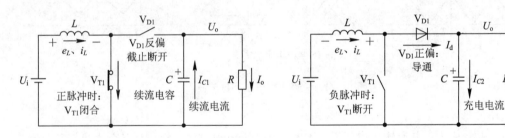

图 8 - 23　V_{T1} 饱和导通时的等效电路　　　　图 8 - 24　V_{T1} 截止时的等效电路

任务实施　**开关稳压电源设计**

1. 设计要求

设计手机的开关型电池充电器，并满足以下要求：

（1）开关电源型充电；

（2）输入电压为 220 V，输出直流电压自定；

（3）恒流恒压；

（4）最大输出电流为 $I_{max} = 1.0$ A。

2. 设计任务

（1）合理选择开关器件；

（2）完成全电路理论设计，绘制电路图；

（3）撰写设计报告。

3. 设计方案

1) 开关器件的选择

本次设计使用的开关电源是变压器耦合(并联)型开关电源。脉冲变压器耦合型开关电源具有如下优点。

(1) 通过附加一个次级绕组间接取样的办法或采用光耦合器实现电源隔离,使主电源电路与交流电网隔离,即所谓冷地盘电路,实现机壳不带电,给制作和维修带来方便。

(2) 若开关管内部短路,不会引起负载的过压或过流。

(3) 容许辅助电源负载与主电源负载无关。即不接主电源负载,辅助电源仍可从主电源中得到。

2) 参数的设定

(1) 输入电压为 220 V,输出直流电压为 5.5 V;

(2) 最大输出电流为 $I_{max}=1.0$ A。

4. 电路设计

1) 整体设计

本设计的电路图如图 8-25 所示。该电源具有恒流/恒压输出的特性,空载时的功耗低于 100 mW,能给手机中的镍氢(Ni-MH)电池或镍镉(Ni-Cd)电池、锂离子(Li-Ion)电池进行恒流充电。其主要技术指标为:交流输入电压 $u=220$ V,输出电压 $U_o=5.5$ V,最大输出电流 $I_{om}=1.0$ A,输出功率 $P_o=5.5$ W。

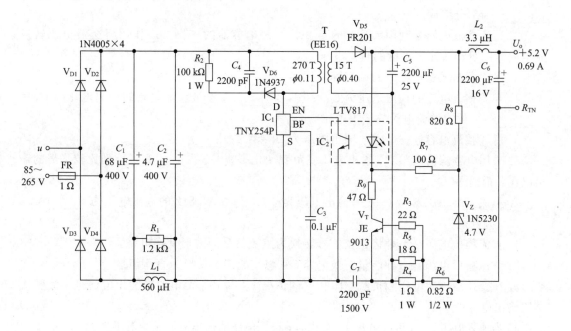

图 8-25 电路整体设计图

2) 工作原理

交流电压 u 经过 $V_{D1} \sim V_{D4}$,进行桥式整流和 C_1、C_2 滤波后,产生直流高压。FR 为熔融电阻器，可代替保险丝管。由 C_1、L_1、C_2 构成Ⅱ型滤波器，用于减小交流纹波。R_1 为阻尼电阻，能抑制由 L_1 引起的高频自激振荡。C_7 为安全电容。漏极钳位保护电路由 R_2、C_4 和 V_{D6} 组成。输出整流滤波电路由 V_{D5}、C_5、L_2 和 C_6 组成。

输出电流的途径如下：正半周时从次级电压 u_2 的正端→V_{D5}→L_2→负载 R_L→返回端 R_{TN}→R_6→R_4→u_2 的负端。V_Z 采用 1N5230B 型 4.7 V 稳压管。R_7 为 LED 的限流电阻，R_8 是 V_Z 的限流电阻。由于 LED 的正向电流 $I_F<1$ mA，使 $U_{R7}<0.1$ V，因此 R_7 上的压降可以忽略不计，这样 U_o 值就等于 U_Z 与 U_F 之和。R_4 是过流检测电阻。实现恒流的电路特点是用晶体管 V_T 的发射结压降 U_{BE}，去检测输出电流 I_o 返回时在 R_4 上形成的压降 U_{R4}。常态下 V_T 截止而不起作用，I_o 为恒定值。当发生过流故障时，I_o 增大，使得 $U_{R4}=I_oR_4>U_{BE}$，V_T 立即导通，并取代控制环路直接驱动光耦合器，维持 I_o 不变。R_6 上形成的压降可使控制环路在 U_o 约等于 0 V 的状态下仍能正常工作。R_3 为基极限流电阻。

R_4 用来设定输出电流的极限值 I_{olimit}，取 $R_4=0.7$ Ω 时，$I_{olimit}=U_{BE}/R_4=1.0$ A。R_4 的额定功率应满足下述条件：$P=2I_{olimit}^2 \cdot R_4=1.4$ W，实选 1.4 W 电阻。V_{D5} 采用 FR201 型 3 A/200 V 的快恢复二极管，要求其反向恢复时间 $t_{rr}<150$ ns，平均整流电流 $I_D=3I_{olimit}$。为了提高电源效率，有条件者可选用肖特基二极管，V_{D6} 为 1 A/600 V 快恢复二极管。

思考与练习题

一、填空题

1. 直流稳压电源是一个典型的电子系统，它由 _____、_____、_____ 和 _____ 四部分组成。

2. 整流滤波电路是利用二极管的 _____ 和电容器的 _____ 作用将交流电压转换成单向脉动且相对比较平滑的直流电压。

3. 串联反馈式稳压电路的调整管工作在 _____ 区。

4. 半波整流电路的输出电压为 $U_L=$ _____；全波整流电路的输出电压为 $U_L=$ _____；桥式整流电路的输出电压为 $U_L=$ _____。

5. 桥式整流电容滤波电路的输出电压为 $U_L=$ _____。

6. 采用电容滤波电路时，输出电压受负载变化影响 _____，为了得到比较平滑的输出电压，希望 RLC _____ 越好。

7. 集成三端稳压器 W7915 的输出电压为 _____ V；W7812 的输出电压为 _____ V。

二、判断题

1. 直流稳压电源是一种将正弦信号转换为直流信号的波形变换电路。（　　）

2. 直流稳压电源是一种能量转换电路，它将交流能量转换为直流能量。（　　）

3. 在变压器副边电压和负载电阻相同的情况下，桥式整流电路的输出电流是半波整流电路输出电流的 2 倍。（　　）

4. 当输入电压 U_i 和负载电流 I_L 变化时，稳压电路的输出电压是绝对不变的。（　　）

5. 若 U_2 为电源变压器副边电压的有效值，则半波整流电容滤波电路和全波整流电容滤波电路在空载时的输出电压均为 $\sqrt{2}U_2$。（　　）

6. 一般情况下，开关型稳压电路比线性稳压电路效率高。（　　）

7. 整流电路可将正弦电压变为脉动的直流电压。　　　　　　　　　　　　（　　）

8. 电容滤波电路适用于小负载电流，而电感滤波电路适用于大负载电流。　（　　）

9. 在单相桥式整流电容滤波电路中，若有一只整流管断开，输出电压平均值变为原来的一半。　　　　　　　　　　　　　　　　　　　　　　　　　　　　　　（　　）

10. 线性直流稳压电源中的调整管工作在放大状态，开关型直流电源中的调整管工作在开关状态。　　　　　　　　　　　　　　　　　　　　　　　　　　　　　　　（　　）

三、选择题

1. 整流的目的是（　　）。

A. 将交流变为直流　　　　　B. 将高频变为低频　　　　　C. 将正弦波变为方波

2. 在单相桥式整流电路中，若有一只整流管接反，则（　　）。

A. 输出电压约为 $2U_D$　　　　B. 变为半波直流　　　　　C. 整流管将因电流过大而烧坏

3. 直流稳压电源中滤波电路的目的是（　　）。

A. 将交流变为直流　　　　　B. 将高频变为低频

C. 将交、直流混合量中的交流成分滤掉

4. 滤波电路应选用（　　）。

A. 高通滤波电路　　　　　　B. 低通滤波电路　　　　　　C. 带通滤波电路

5. 串联型稳压电路中的放大环节所放大的对象是（　　）。

A. 基准电压　　　　　　　　B. 采样电压　　　　　　　　C. 基准电压与采样电压之差

四、解答题

1. 在图 8 - 26 的电路中，已知输出电压平均值 $U_{o(av)}=18$ V，负载电流均值 $I_{L(av)}=80$ mA。试求：

（1）变压器副边电压的有效值 U_2。

（2）设电网电压波动范围为 $\pm 10\%$。在选择二极管的参数时，其最大整流电流平均值 I_F 和最高反向电压 U_R 的下限值约为多少？

2. 在图 8 - 27 电路中，$R_1=240$ Ω，$R_2=3$ kΩ。W117 的输入端和输出端电压允许范围为 3～40 V，输出端和调整端之间的电压 U_{REF} 为 1.25 V。试求：

（1）输出电压的调节范围；

（2）输入电压允许的范围。

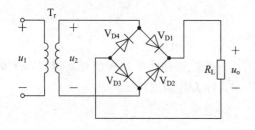

图 8 - 26　已知电路

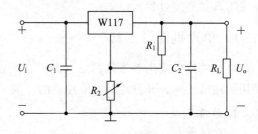

图 8 - 27　已知电路

项目 9　单片机控制电路的设计

通过本项目的学习，掌握单片机应用系统的一般形式，了解单片机系统的开发过程，掌握单片机应用系统的安装调试方法，并完成单片机控制电路的设计。

任务 9.1　带温度显示的时钟的设计

任务目标

学习目标：掌握单片机应用系统的开发工具、单片机应用系统的组成、单片机应用系统的开发过程、单片机应用系统的安装调试。

能力目标：能够完成单片机控制的应用电路的设计。

任务分析

通过对单片机应用系统的开发工具、单片机应用系统的组成、单片机应用系统的开发过程、单片机应用系统的安装调试等内容的学习，完成一个带温度显示的时钟电路设计。

知识链接

单片机本身只是一个微控制器，内部无任何程序，只有当它和其他器件、设备有机地组合在一起，并配置适当的工作程序后，才能构成一个单片机应用系统，具有特定的功能。单片机本身不具备自主开发能力，必须借助开发工具编制、调试、下载程序或对器件编程。开发工具的优劣，直接影响开发工作效率。本任务中要学习的是 MCS - 51 单片机的常用开发工具和开发过程。

9.1.1　单片机开发工具

一个单片机应用系统从提出任务到正式投入运行的过程称为单片机的开发过程，开发所用的设备就称为开发工具。单片机的开发工具分软件工具和硬件工具。

1. 软件工具

软件工具包括编译程序、软件仿真器等。

（1）编译程序。编译程序将用户编写的汇编语言、PL/M 语言、C 语言或其他语言源程序翻译成单片机可执行的机器码。

（2）软件仿真器。软件仿真器提供虚拟的单片机运行环境，在通用计算机上模拟单片机的程序运行过程。软件仿真器具有单步、连续、断点运行等功能，在单片机程序的运行过程中随时观测单片机的运行状态，如内部 RAM 某单元的值、特殊功能寄存器的值等。软件仿真只能用于验证程序的执行过程。

2. 硬件工具

硬件工具主要有在线仿真器、编程器等。

（1）在线仿真器。在线仿真器是单片机开发系统中的一个主要部分。单片机在线仿真器本身就是一个单片机系统，它具有与所要开发的单片机应用系统相同的单片机型号。所谓仿真，就是用在线仿真器中的具有透明性和可控性的单片机来代替应用系统中的单片机工作，通过开发系统控制这个透明性和可控性的单片机的运行，利用开发系统的资源来仿真应用系统。在线仿真是综合运用软件和硬件来排除设计问题的一种先进开发手段。所谓在线，就是仿真器中单片机运行和控制的硬件环境与应用系统单片机实际环境完全一致。在线仿真的方法，就是使单片机应用系统在实际运行环境中，实际外围设备情况下，用开发系统仿真、调试。

在线仿真器除了"出借"自己的单片机资源外，还可以"出借"存储器。在应用系统调试期间，其程序存储器芯片也可以拔掉，在线仿真器把自己的一部分存储器替换成应用系统的存储器，用于存储待调试的应用程序。用在线仿真器中的这部分存储器仿佛在使用自己设计的应用系统中的程序存储器一样。

（2）编程器。编程器的作用是将程序代码写入芯片。在使用仿真器将用户程序调试完毕后，需要使用编程器将调试好的程序写入单片机芯片中，撤掉仿真系统将写好程序的CPU 插入系统独立运行。

9.1.2　单片机应用系统的一般形式

单片机主要用于实时控制，因此具有一般计算机控制系统的普遍特征。其典型应用系统应包括四部分内容：单片机系统、前向传感器输入通道、后向伺服控制输出通道、人机对话通道。大型复杂的测控系统往往是多机系统，故其中还包括机与机之间进行通信的相互通道。典型单片机应用系统的结构框图如图 9-1 所示。

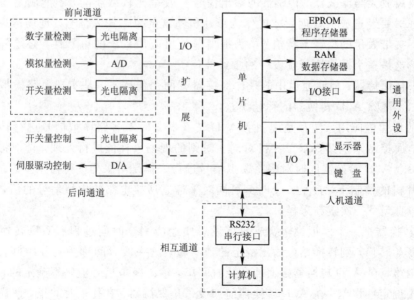

图 9-1　典型单片机应用系统的结构框图

1. 前向通道的组成及其特点

1）前向通道的组成

前向通道是单片机与测控对象相连的部分，是应用系统数据采集的输入通道。

来自被控对象的现场信息多种多样。按物理量的特征可分为模拟量和数字量两种。

对于数字量（频率、周期、相位、计数）的采集，输入比较简单。它们可直接作为计数输入、测试输入、I/O口输入或中断源输入进行事件计数、定时计数，实现脉冲的频率、周期、相位及记数测量。对于开关量采集，一般通过I/O口线或扩展I/O口线直接输入。一般被控对象都是交变电流、交变电压、大电流系统。而单片机属于数字弱电系统，因此在数字量和开关量采集通道中，要用隔离器件进行隔离（如光电耦合器件）。

模拟量输入通道结构比较复杂，一般包括变换器、隔离放大与滤波器、采样保持器、多路开关、A/D转换器及其接口电路，如图9-2所示。

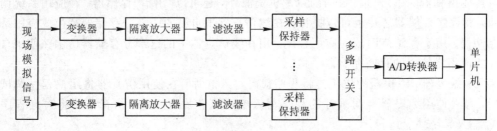

图 9-2　模拟信号的采集通道结构

（1）变换器。变换器是各种传感器的总称，它采集现场的各种信号，并变换成电信号（电压信号或电流信号），以满足单片机的输入要求。现场信号各种各样，有电信号，如电压、电流、电磁量等；也有非电信号，如温度、湿度、压力、流量、位移量等，对于不同的物理量应选择相应的传感器。

（2）隔离放大与滤波器。传感器的输出信号一般是比较微弱的，不能满足单片机系统的输入要求，要经过放大处理后才能作为单片机系统的采集输入信号。现场信息来自各种工业现场，夹带大量的噪音干扰信号。为提高单片机应用系统的可靠性，必须隔离或削减干扰信号，这是整个系统抗干扰设计的重点部位。

（3）采样保持器。前向通道中的采样保持器有两个作用：一是实现多路模拟信号的同时采集；二是消除A/D转换器的孔径误差。

一般的单片机应用系统都是用一个A/D转换器分时对多路模拟信号进行转换并输入给单片机，而控制系统又要求单片机对同一时刻的现场采样值进行处理，否则将产生很大误差。用一个A/D转换器同时对多路模拟信号进行采样是由采样保持器来实现的。采样保持器在单片机的控制下，在某一个时刻可同时采样它所接电路的模拟信号的值，并能保持该瞬时值，直到下一次重新采样。

A/D转换器把一个模拟量转换成数字量总要经历一个时间过程。A/D转换器从接通模拟信号开始转换，到转换结束输出稳定的数字量，这一段时间称为孔径时间。对于一个动态模拟信号，在A/D转换器接通的孔径时间里，输入模拟信号值是不确定的，从而会引起输出的不确定性误差。在A/D转换器前加设采集保持器；在孔径时间里，使模拟信号保持某一个瞬时值不变，从而可消除孔径误差。

（4）多路开关。用多路开关实现一个 A/D 转换器分时对多路模拟信号进行转换。多路开关是受单片机控制的多路模拟电子开关，某一时刻需要对某路模拟信号进行转换，由单片机向多路开关发出路地址信息，使多路开关把该路模拟信号与 A/D 转换器接通，其他路模拟信号与 A/D 转换器不接通，实现有选择的转换。

（5）A/D 转换器。A/D 转换器是前向通道中模拟系统与数字系统连接的核心部件。

2）前向通道的特点

（1）与现场采集对象相连，是现场干扰进入的主要通道，是整个系统抗干扰设计的重点部位。

（2）由于所采集的对象不同，有开关量、模拟量、数字量，而这些都是由安放在测量现场的传感、变换装置产生的，许多参量信号不能满足单片机输入的要求，故需要大量的、形式多样的信号变换调节电路，如测量放大器，F/V 变换，A/D 转换，放大、整形电路等。

（3）前向通道是一个模拟、数字混合电路系统，其电路功耗小，一般没有功率驱动要求。

2. 后向通道的组成与特点

后向通道是应用系统的伺服驱动通道。作用于控制对象的控制信号通常有两种：一种是开关量控制信号，另一种是模拟控制信号。开关量控制信号的后向通道比较简单，只需采用隔离器件进行隔离及电平转换。另外，模拟控制信号的后向通道需要进行 D/A 转换、隔离放大、功率驱动等。

后向通道具有以下特点：

（1）后向通道是应用系统的输出通道，大多数需要功率驱动。

（2）靠近伺服驱动现场，伺服控制系统的大功率负荷易从后向通道进入单片机系统，故后向通道的隔离对系统的可靠性影响很大。

（3）根据输出控制的不同要求，后向通道电路多种多样，如模拟电路、数字电路、开关电路等，输出信号形式有电流输出、电压输出、开关量输出和数字量输出等。

3. 人机通道的结构及其特点

单片机系统中的人机通道是用户为了对应用系统进行干预（如启动、参数设置等），以及了解应用系统运行状态所设置的对话通道，主要有键盘、显示器、打印机等通道接口。

人机通道具有以下特点：

（1）由于通常的单片机应用系统大多数是小规模系统，因此，应用系统中的人机对话通道及人机对话设备的配置都是小规模的，如微型打印机、功能键、LED/LCD 显示器等。若需要高水平的人机对话配置，如通用打印机、CRT、硬盘、标准键盘等，则往往将单片机应用系统通过外总线与通用计算机相连，享用通用计算机的外围人机对话设备。

（2）单片机应用系统中，人机对话通道及接口大多采用内总线形式，与计算机系统扩展密切相关。

4. 相互通道及其特点

单片机应用系统中的相互通道是解决计算机系统间相互通信的接口。在较大规模的多机测控系统中，就需要设计相互通道接口。相互通道的特点有以下几点：需要配置比较复杂的通信软件；需要采用扩展标准控制通信芯片来组成相互通道；需要解决长线传输的驱动、匹配、隔离等问题。

9.1.3　单片机应用系统开发过程

单片机的应用系统和一般的计算机应用系统一样，也是由硬件和软件组成。硬件指单片机、扩展的存储器、输入/输出设备、控制设备、执行部件等组成的系统，软件是各种控制程序的总称。硬件和软件只有紧密结合、协调一致，才能组成高性能的单片机应用系统。在系统的研制过程中，软、硬件的功能总是在不断地调整，以便相互适应、相互配合，以达到最佳性能/价格比。

单片机应用系统的研制过程包括总体设计、硬件设计、软件设计、在线仿真调试、程序固化等几个阶段，这几个阶段所完成的工作分叙如下。

1. 总体设计

1）确定技术指标

在开始设计前，必须明确应用系统的功能和技术要求，综合考虑系统的先进性、可靠性、可维护性、成本及经济效益等。再参考国内外同类产品的资料，提出合理可行的技术指标，以达到最高的性能/价格比。

2）机型选择

机型选择的出发点及依据，可根据市场情况，挑选成熟、稳定、货源充足的机型。同时还应根据应用系统的要求考虑所选的单片机应具有较高的性能/价格比。另一方面为提高效率，缩短研制周期，最好选用最熟悉的机种和器件。采用性能优良的单片机开发工具也能加快系统的研制过程。

3）器件选择

应用系统除单片机以外，通常还有传感器、模拟电路、输入/输出电路等器件和设备。这些部件的选择应符合系统的精度、速度和可靠性等方面的要求。

4）软、硬件功能划分

系统硬件和软件的设计是紧密联系在一起的，在某些场合硬件和软件具有一定的互换性。为了降低成本、简化硬件结构，某些可由软件来完成的工作尽量采用软件；若为了提高工作的速度、精度，减少软件研制的工作量，提高可靠性，也可采用硬件来完成。总之，软、硬件是相辅相成的，可根据实际应用情况来合理选择。总体设计完成后，软、硬件所承担的任务确定后，可分别进行软、硬件的设计。

2. 硬件设计

硬件设计的主要任务是根据总体设计要求，以及在所选机型的基础上，确定系统扩展所要用的存储器、I/O 电路、A/D 及有关外围电路等，然后设计出系统的电路原理图。下面介绍在硬件设计的各个环节所进行的工作。

1）程序存储器的设计

可作为程序存储器的芯片有 EPROM 和 EEPROM 两种，从它们的价格和性能特点上考虑，对于大批量生产的已成熟的应用系统宜选用 EPROM。EPROM 芯片的容量不同，其价格相差并不大，一般宜选用速度高、容量较大的芯片，这样可使译码电路简单，且为软件扩展留有一定的余地。

2）数据存储器和输入/输出接口的设计

对于数据存储器的容量要求，各个系统之间差别比较大。若要求的容量不大，可以选用多功能的 RAM、I/O 扩展芯片，如 8155 等；若要求较大容量的 RAM，原则上应选用容量较大的芯片以减少 RAM 的数量，从而简化硬件线路。在选择 I/O 接口电路时，应从体积、价格、功能、负载等几个方面来考虑。标准的可编程接口电路 8255、8155 接口简单、使用方便、功能强、对总线负载小，因而应用很广泛。但对于有些要求接口线很少的应用系统，则可采用 TTL 电路，这样可提高接口线的利用率，且驱动能力较大。总之应根据应用系统总的输入/输出要求来合理选择接口电路。对于 A/D、D/A 电路芯片的选择原则，应根据系统对其速度、精度和价格的要求而确定。除此之外还应考虑和系统中的传感器、放大器相匹配的问题。

3）地址译码电路的设计

MCS-51 系统有充足的存储器空间，包括 64 KB 程序存储器和 64 KB 数据存储器，在应用系统中一般不需要这么大的容量。为了简化硬件线路，同时还要考虑所用到的存储器空间地址的连续性，通常采用译码器和线选法相结合的办法。

4）总线驱动器的设计

MCS-51 系列单片机扩展功能比较强，但扩展总线负载能力有限。若所扩展的电路负载超过总线负载能力时，系统便不能可靠地工作。此情况下必须在总线上加驱动器。总线驱动器不仅能提高端口总线的驱动能力，而且可提高系统抗干扰性。常用的总线驱动器为双向 8 路三态缓冲器 74LS245、单向 8 路三态缓冲器 74LS244 等。

5）其他外围电路的设计

单片机主要用于实时控制，应用系统具有一般计算机控制系统的典型特征，系统硬件设计包括与测量、控制有关的外围电路。例如键盘、显示器、打印机、开关量输入/输出设备、模拟量/数字量的转换设备、采样、放大等外围电路。

6）可靠性设计

单片机应用系统的可靠性是一项最重要、最基本的技术指标，这是硬件设计时必须考虑的一个指标。

可靠性是指在规定的条件下，规定的时间内完成规定功能的能力。规定的条件包括环境条件（如温度、湿度、振动等）、供电条件等；规定的时间一般指平均故障时间、平均无故障时间、连续正常运转时间等；规定的功能随单片机的应用系统不同而不同。

单片机应用系统在实际工作中，可能会受到各种外部和内部的干扰，使系统工作产生错误或故障。为了减少这种错误和故障，就要采取各种提高可靠性的措施。常用的措施如下。

（1）提高元器件的可靠性。在系统硬件设计和加工时，应注意选用质量好的电子元器件、接插件，要进行严格的测试、筛选，同时设计的技术参数应留有余量。

（2）提高印刷电路板和组装的质量，设计电路板时布线及接地方法要符合要求。

（3）对供电电源采取抗干扰措施。例如用带屏蔽层的电源变压器，加电源低通滤波器，电源变压器的容量应留有余地等措施。

（4）输入/输出通道抗干扰措施。可采用光电隔离电路、双绞线等提高抗干扰能力。

3. 软件设计

在应用系统的研制中，软件设计是工作量最大也最重要的一环，其设计的一般方法和步骤如下。

　　1）系统定义

　　系统定义是指在软件设计前，首先要进一步明确软件所要完成的任务，然后结合硬件结构确定软件承担的任务细节。其软件定义的内容有：

　　（1）定义各输入/输出的功能、信号的类别、电平范围、与系统的接口方式、占用口地址、读取的输入方式等。

　　（2）定义分配存储器空间，包括系统主程序、常数表格、功能子程序块的划分、入口地址表等。

　　（3）若有断电保护措施，应定义数据暂存区标志单元等。

　　（4）面板开关、按键等控制输入量的定义与软件编制密切有关，系统运行过程的显示、运算结果的显示、正常运行和出错显示等也是由软件完成的。所以事先要给予定义。

　　2）软件结构设计

　　合理的软件结构是一个性能优良的单片机应用系统软件的基础，必须充分重视。依据系统的定义，可把整个工作分解为若干相对独立的操作，再考虑各操作之间的相互联系及时间关系，进而设计出一个合理的软件结构。

　　对于简单的单片机应用系统，可采用顺序结构设计方法，其系统软件由主程序和若干个中断服务程序构成。明确主程序和中断服务程序完成的操作及指定各中断的优先级。

　　对于复杂的实时控制系统，可采用实时多任务操作系统，此操作系统应具备任务调度、实时控制、实时时钟、输入/输出和中断控制、系统调用、多个任务并行运行等功能，以提高系统的实时性和并行性。

　　在程序设计方法上，模块程序设计是单片机应用中最常用的程序设计方法。模块化程序具有便于设计和调试，容易完成并可供多个程序共享等优点，但各模块之间的连接有一定的难度。根据需要也可采用自上而下的程序设计方法，此方法是先从主程序开始设计，然后再编制各从属的程序和子程序。这种方法比较符合人们的日常思维。缺点是上一级的程序错误会对整个程序产生影响。软件结构设计和程序设计方法确定后，根据系统功能的定义，可先画出程序粗框图，再对粗框图进行扩充和具体化，即对存储器、寄存器、标志位等工作单元作具体的分配和说明，再绘制出详细的程序流程图（细框图）。

　　程序流程图设计出来后，便可着手编写程序，再经编译、调试，正常运行后固化到EPROM 中去，就完成了整个应用系统的设计。

9.1.4　应用系统的安装调试

　　单片机应用系统设计完成后，依据硬件的设计试制和组装样机且软件设计完成后，便进入系统的调试阶段。调试单片机应用系统的一般方法如下所述。

1. 硬件调试方法

　　单片机应用系统的硬件和软件调试是分不开的，许多硬件故障是在软件调试时才发现的。但通常是应先排除系统中明显的硬件故障后才和软件结合起来调试。

　　1）常见的硬件故障

　　（1）逻辑错误。样机硬件的逻辑错误是由于设计错误或加工过程中的工艺性错误所造成的。这类错误包括错线、开路、短路、相位错等。

（2）元器件失效。元器件失效有两方面的原因，一是器件本身已损坏或性能不符合要求；二是由于组装错误造成元器件失效，如电解电容、二极管的极性以及集成电路安装方向错误等。

（3）可靠性差。引起可靠性差的原因很多，例如，金属过孔、接插件接触不良会造成系统时好时坏，经不起振动；内部和外部的干扰、电源纹波系数大、器件负载过大等造成逻辑电平不稳，走线和布局不合理等也会引起系统可靠性差。

（4）电源故障。若样机存在电源故障，加电后将造成器件损坏。参数符合设计要求的电源，也可能由于电源引线和插座型号不匹配，而造成功率不足或者带负载能力差等问题。

2）调试方法

（1）脱机调试。在样机加电之前，先用万用表等工具，根据硬件电气原理图和装配图仔细检查样机线路的正确性，并核对元器件的型号、规格和安装是否符合要求。应特别注意电源的走线，防止电源线之间的短路和极性错误，并重点检查扩展系统总线是否存在相互间的短路或与其他信号线的短路。

对于样机所用电源事先必须单独调试，调试好后，检查其电压值、负载能力、极性等均符合要求，才能加到系统的各个部件上。在不插芯片的情况下，加电检查各插件上引脚的电位，仔细测量各点电位是否正常，尤其应注意单片机插座上各点电位是否正常，若有高压，联机时将会损坏开发装置。

（2）联机调试。通过脱机调试可排除一些明显的硬件故障。有些故障还是要通过联机调试才能发现和排除。联机前先断电，将单片机开发系统的仿真头插到样机的单片机插座上，检查一下开发机与样机之间的电源、接地是否良好。

通电后执行开发机的读写指令，对用户样机的存储器、I/O 端口进行读写操作、逻辑检查，若有故障，可用示波器观察有关波形（如选中的译码器输出波形、读/写控制信号、地址数据波形以及有关控制电平）。通过对波形的观察分析，寻找故障原因，并进一步排除故障。可能的故障有线路连接上的逻辑错误、开路或短路、集成电路失效等。

在用户系统的样机（主机部分）调试好后，可以插上用户系统的其他外围部件，如键盘，显示器，输出驱动板，A/D、D/A 板等，再将这些电路进行初步调试。

在调试过程中若发现用户系统工作不稳定，可能有下列情况：电源系统供电电流不足，联机时公共地线接触不良；用户系统主板负载过大；用户的各级电源滤波不完善等。对这些问题一定要认真查出原因，加以排除。

2. 软件调试方法

软件调试与所选用的软件结构和程序设计技术有关。如果采用模块程序设计技术，则逐个模块分别调试。调试各子程序时一定要符合现场环境，即入口条件和出口条件。调试的手段可采用单步或设断点运行方式，通过检查用户系统 CPU 的现场、RAM 的内容和 I/O 口的状态，检查程序执行结果是否符合设计要求。通过检测可以发现程序中的死循环错误、机器码错误及转移地址的错误，同时也可以发现用户系统中的硬件故障、软件算法及硬件设计错误。在调试过程中不断调整用户系统的软件和硬件，逐步通过每个程序模块。

各模块通过以后，可以把有关的功能块联合起来进行综合调试。在这个阶段若发生故障，可以考虑各子程序在运行时是否破坏现场，缓冲单元是否发生冲突，标志位的建立和清除在设计上有没有失误，堆栈区域有无溢出，输入设备的状态是否正常等等。若用户系统是在开发机的监控程序下运行时，还要考虑用户缓冲单元是否和监控程序的工作单元发生冲突。

单步和断点调试后，还应进行连续调试，这是因为单步运行只能验证程序的正确与否，而不能确定定时精度、CPU 的实时响应等问题。待全部调试完成后，应反复运行多次，除了观察稳定性之外，还要观察用户系统的操作是否符合原始设计要求，安排的用户操作是否合理等，必要时再作适当的修正。

如果采用实时多任务操作系统，一般是逐个任务进行调试的。调试方法与前面讲的采用模块程序设计技术的软件调试方法基本相似，只是实时多任务操作系统的应用程序由若干个任务程序组成，一般是逐个任务进行调试，在调试某一个任务时，同时也调试相关的子程序、中断服务程序和一些操作系统的程序。调试好以后，再使各个任务程序同时运行。如果操作系统无错误，一般情况下系统就能正常运转。

软件和硬件联调完成以后，反复运行正常则可将用户系统程序固化到 EPROM 中，插入用户样机后，用户系统即能脱离开发系统独立工作，至此系统研制完成。

任务实施　带温度显示的时钟的设计

1. 设计要求

控制器采用单片机 AT89C51，温度检测部分采用 DS18B20 温度传感器，时钟系统用时钟芯片 DS1302，用 LCD(Liquid Crystal Display，液晶显示器)12232F 作为显示器，用 AT24C16 作为存储器件。单片机通过时钟芯片 DS1302 获取时间数据，对数据处理后显示时间；温度传感器 DS18B20 采集温度信号送给单片机处理，存储器通过单片机对某些时间点的数据进行存储；单片机再把时间数据和温度数据送液晶显示器 12232F 显示，12232F 还可以显示汉字；键盘用来调时和温度查询。

2. 总体方案设计

1) 方案设计

按照系统的设计功能要求，本时钟温度系统的设计必须采用单片机软件系统实现，用单片机的自动控制能力配合按键控制，来控制时钟、温度的存储、查询和显示。

初步确定设计系统由单片机主控模块、时钟模块、测温模块、存储模块、显示模块、键盘接口模块共 6 个模块组成，电路系统框图如图 9-3 所示。

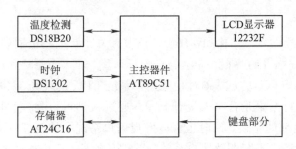

图 9-3　电路系统框图

2）单片机芯片的方案

AT89C51 是美国 ATMEL 公司生产的低电压、高性能 CMOS8 位单片机，片内含 4KB 的可反复擦写的只读程序存储器（PEROM）和 128 B 的随机存取数据存储器（RAM），器件采用 ATMEL 公司的高密度、非易失性存储技术生产，兼容标准 MCS-51 指令系统，片内置通用 8 位中央处理器（CPU）和 Flash 存储单元，功能强大 AT89C51 单片机可为您提供许多高性价比的应用场合，可灵活应用于各种控制领域。

3）时钟芯片的选择方案

用专门的时钟芯片实现时钟的计时，再把时间数据送入单片机，由单片机控制显示。比较用软件实现时钟计时和用时钟芯片实现时钟计时这两种方案，用软件实现时钟计时固然可以，但是程序运行的每一步都需要时间，多一步或少一步程序都会影响计时的准确度，用专用时钟芯片可以实现准确计时。故选择用时钟芯片实现时钟计时的方案。

4）显示模块方案

用显示功能更好的液晶显示器可以显示更多的数据；用显示汉字的液晶显示器还可以增加显示信息的可读性，让人看起来会更方便。

综合以上各方案，对此次作品的方案选择为：控制器采用单片机 AT89C51，温度检测部分采用 DS18B20 温度传感器，时钟系统用时钟芯片 DS1302，显示器用 LCD12232F，存储器用 AT24C16。

3. 单元模块设计

根据方案的选择，系统由 AT89C51 最小系统（包括电源电路、复位电路、晶振电路）、液晶显示电路、温度传感器电路、AT24C16 存储电路、时钟芯片 DS1302、键盘接口电路组成。其各功能模块如下：

（1）单片机电源。AT89S51 单片机的工作电压范围为 4.0～5.5 V，所以通常给单片机外接 5 V 直流电源。连接方式为 V_{CC}（40 脚）接电源+5 V 端、V_{SS}（20 脚）接电源地端。

（2）复位电路。确定单片机工作的起始状态，完成单片机的启动过程。在单片机系统中，系统上电复位采用电平方式开关复位。如图 9-4 所示，上电复位用 RC 电路，电容用 20 μF，电阻用 10 kΩ。

（3）晶振电路。晶振是电子元器件中很重要的一个元器件，产生时钟信号，时钟信号是单片机工作的时间基准，决定单片机工作速度，产生振荡频率。单片机中晶振频率采用 12 MHz，加两个 30 pF 电容组成时钟电路，产生单片机内部时钟信号，如图 9-5 所示。

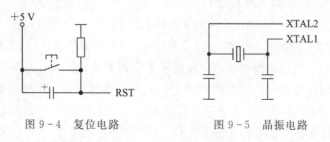

图 9-4　复位电路　　　　　图 9-5　晶振电路

（4）液晶显示电路。显示电路采用 12232F 液晶显示器。12232F 是一种内置 8192 个 16×16 点汉字库和 128 个 16×8 点 ASCII 字符集图形点阵液晶显示器，它主要由行驱动器/ 列驱动器及 128×32 点阵液晶显示器组成。可完成图形显示，也可以显示 7.5×2 个 (16×16 点阵)汉字。与外部 CPU 接口采用串行方式控制。

主要技术参数和性能：

- 电源：V_{DD} 为＋3.0～＋5.5V(电源低于 4.0 V，LED 背光需另外供电)；
- 显示内容：122(列)×32(行)点；
- 全屏幕点阵；
- 2MB ROM(CGROM，字符发生存储器)总共提供 8192 个汉字(16×16 点阵)；
- 16KB ROM(HCGROM，ASCII 码字库)总共提供 128 个字符(16×8 点阵)；
- 2 MHz 频率；
- 工作温度为 0～＋60℃，存储温度为－20～＋70℃。

(5) 温度传感器。传统的热敏电阻等测温元件测出的一般都是电压，再转换成对应的温度，需要较多外部元件支持，且硬件电路复杂，制作成本相对较高；而 DS18B20 温度传感器是美国 DALLAS 半导体公司最新推出的一种改进型智能温度传感器，它能直接读出被测温度，并且可根据实际要求通过简单的编程实现 9～12 位数字值的读数方式，电路图如图 9-6 所示。

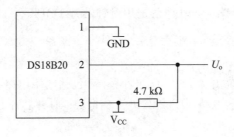

图 9-6 温度传感器

DS18B20 的性能特点如下：

- 独特的单线接口仅需要一个端口引脚进行通信；
- 多个 DS18B20 可以并联在唯一的三线上，实现多点组网功能；
- 无须外部器件；
- 可通过数据线供电，电压范围为 3.0～5.5V；
- 待机功耗为零；
- 温度以 9 或 12 位数字量读数；
- 设置有用户可定义的非易失性温度报警装置；
- 报警搜索命令识别并标志超过程序限定温度(温度报警条件)的器件；
- 负电压特性，电源极性接反时，温度计不会因发热而烧毁，但不能正常工作。

DS18B20 温度传感器的内部存储器还包括一个高速暂存 RAM 和一个非易失性的可电擦除 EERAM。高速暂存 RAM 为 9 字节的存储器，结构如图 9-7 所示。头两个字节包含测得的温度信息；第三和第四字节是 TH 和 TL 的拷贝，是易失的，每次上电复位时被刷新；第五个字节为配置寄存器，用于确定温度值的数字转换分辨率。DS18B20 工作时按此寄存器中的分辨率将温度转换为相应精度的数值。该字节各位的定义如表 9.1 所示。低

5 位一直为 1，TM 是测试模式位，用于设置 DS18B20 在工作模式还是在测试模式。

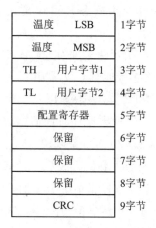

图 9-7　高速暂存 RAM 结构

表 9.1　配置寄存器表

TM	R_1	R_0	1	1	1	1	1

（6）存储电路。存储电路采用 ATMEL 公司生产的 AT24C16，如图 9-8 所示，具有 16 KB 的存储空间。其引脚接法是 1、2、3、4 接地，5、6 分别接单片机的端口，7、8 接 5 V 电源。

（7）时钟模块。采用 DS1302 作为主要计时芯片是为了提高计时精度，更重要的是 DS1302 可以在很小的后备电源下继续计时，并可编程选择充电电流来对后备电源进行充电，可以保证后备电源基本不耗电。电路图如图 9-9 所示。

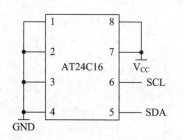
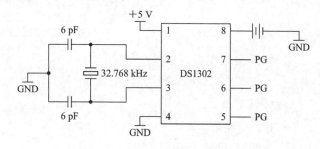

图 9-8　AT24C16 的引脚图　　　　　　　　　图 9-9　时钟模块图

（8）键盘接口。由于按键只有 4 个，分别实现为时间调整、时间的增加、时间的减少、查询温度。用查询法完成读键功能。

4. 电路原理及说明

1）时钟芯片 DS1302 及其工作原理

现在流行的串行时钟电路很多，如 DS1302、DS1307、PCF8485 等。这些电路的接口简单、价格低廉、使用方便，被广泛采用。本文介绍的实时时钟电路 DS1302 是 DALLAS 公司推出的具有涓细电流充电能力的电路，主要特点是采用串行数据传输，可为掉电保护电源提供可编程的充电功能，并且可以关闭充电功能。

　　DS1302 芯片含有一个实时时钟/日历和 31 字节静态 RAM，通过简单的串行接口与单片机进行通信。实时时钟/日历电路提供秒、分、时、日、月、年的信息，每月的天数和闰年的天数可自动调整。时钟操作可通过 AM/PM 指示决定采用 24 或 12 小时格式。DS1302 与单片机之间能简单地采用同步串行的方式进行通信，仅需用到 3 个口线：RES 复位、I/O 数据线和 SCLK 串行时钟。时钟芯片 DS1302 读/写数据以一个字节或多达 31 个字节的字符组方式通信。DS1302 工作时功耗很低，保持数据和时钟信息时功率小于 1 mW。

　　DS1302 的引脚排列如图 9 - 10 所示，其中 V_{CC1} 为后备电源，V_{CC2} 为主电源。在主电源关闭的情况下，也能保持时钟的连续运行。DS1302 由 U_{CC1} 或 U_{CC2} 两者中的较大者供电。当 U_{CC2} 大于 $U_{CC1} + 0.2$ V 时，U_{CC2} 给 DS1302 供电。当 U_{CC2} 小于 U_{CC1} 时，DS1302 由 U_{CC1} 供电。X_1 和 X_2 是振荡源，外接 32.768 kHz 晶振。RST 是复位/片选线，通过把 RST 输入驱动置高电平来启动所有的数据传送。RST 输入有两种功能：首先，RST 接通控制逻辑，允许地址/命令序列送入移位寄存器；其次，RST 提供终止单字节或多字节数据的传送手段。当 RST 为高电平时，所有的数据传送被初始化，允许对 DS1302 进行操作。如果在传送过程中 RST 置为低电平，则会终止此次数据传送，I/O 引脚变为高阻态。上电运行时，在 $U_{CC} \geqslant 2.5$ V 之前，RST 必须保持低电平。只有在 SCLK 为低电平时，才能将 RST 置为高电平。I/O 为串行数据输入输出端（双向），SCLK 始终是输入端。

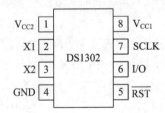

图 9 - 10　DS1302 的引脚图

　　DS1302 各引脚说明如下：

- X1，X2：32.768 kHz 晶振引脚；
- GND：地；
- $\overline{\text{RST}}$：复位脚；
- I/O：数据输入/输出引脚；
- SCLK：串行时钟；
- V_{CC1}，V_{CC2}：电源供电引脚。

　　DS1302 在每次读、写程序前都必须初始化，先把 SCLK 端置 0，接着把 RST 端置 1，最后才给予 SCLK 脉冲。

　　2) DS1302 的控制字节

　　DS1302 的控制字格式表如表 9.2 所示。控制字节的高有效位（位 7）必须是逻辑 1，如果它为 0，则不能把数据写入 DS1302 中；位 6 如果为 0，表示存取日历时钟数据，为 1 则表示存取 RAM 数据；位 5 至位 1 指示操作单元的地址；最低有效位（位 0）如为 0 表示要进行写操作，为 1 表示进行读操作；控制字节总是从最低位开始输出。

表 9.2　DS1302 的控制字格式表

1	RAM/CK	A_4	A_3	A_2	A_1	A_0	RD/WR

3）数据输入/输出

在控制指令字输入后的下一个 SCLK 时钟的上升沿时，数据被写入 DS1302，数据输入从低位（位 0）开始。同样，在紧跟 8 位的控制指令字后的下一个 SCLK 脉冲的下降沿读出 DS1302 的数据，从低位 0 到高位 7 读出数据，如图 9 - 11 所示。

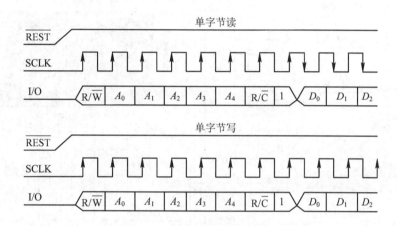

图 9 - 11　DS1302 的读/写时序图

4）DS1302 的寄存器

DS1302 有 12 个寄存器，其中有 7 个寄存器与日历、时钟相关，存放的数据位为 BCD 码形式，其日历、时间寄存器及其控制字如表 9.3 所示。

表 9.3　日历、时间寄存器及其控制字

写寄存器	读寄存器	bit7	bit6	bit5	bit4	bit3	bit2	bit1	bit0
80H	81H	CH	10 秒			秒			
82H	83H	10 分				分			
84H	85H	12/24	0	10 AM/PM	小时	时			
86H	87H	0	0	10 日		日			
88H	89H	0	0	0	10 月	月			
8AH	8BH	0	0	0	0	0	天		
8CH	8DH	10 年				年			
8EH	8FH	WP	0	0	0	0	0	0	0

此外，DS1302 还有年份寄存器、控制寄存器、充电寄存器、时钟突发寄存器及与

RAM 相关的寄存器等。时钟突发寄存器可一次性顺序读写除充电寄存器外的所有寄存器内容。DS1302 与 RAM 相关的寄存器分为两类：一类是单个 RAM 单元，共 31 个，每个单元组态为一个 8 位的字节，其命令控制字为 C0H~FDH，其中奇数为读操作，偶数为写操作；另一类为突发方式下的 RAM 寄存器，此方式下可一次性读写所有的 RAM 的 31 个字节，命令控制字为 FEH(写)、FFH(读)。

5. 电路总原理图

电路总原理图如图 9-12 所示。

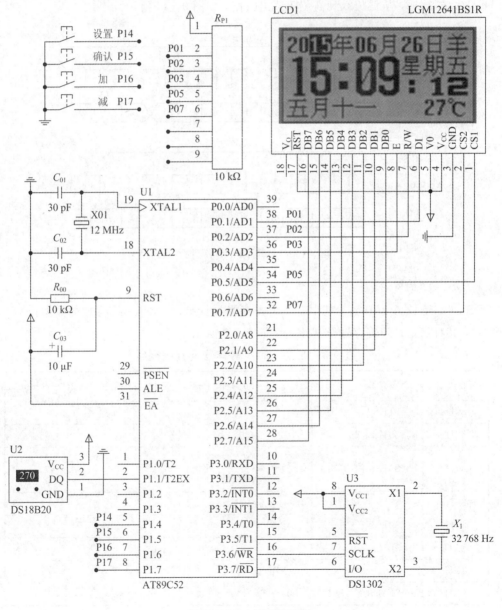

图 9-12 电路总原理图

6. 软件设计

1) 主程序设计

系统主程序首先对系统进行初始化,包括设置定时器、中断和端口;然后显示开机画面。由于单片机没有停止指令,所以可以设计系统程序不断地循环执行上述显示效果,如图 9 - 13 所示。

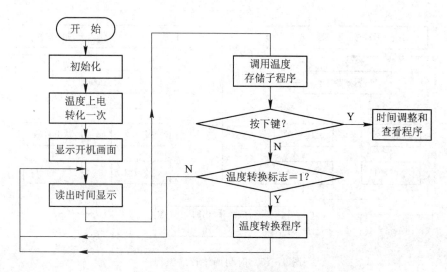

图 9 - 13　系统流程图

2) 时间显示程序设计

我们采用了时钟芯片 DS1302,所以只需从 DS1302 各寄存器中读出小时、分钟、秒,再处理即可。在首次对 DS1302 进行操作之前,必须对它进行初始化,然后从 DS1302 中读取数据并处理后,送给显示缓冲单元,如图 9 - 14 所示。

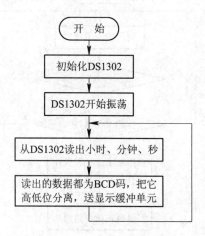

图 9 - 14　时间显示程序流程图

3) 时间调整程序设计

调整时间用 3 个调整按钮,其中一个作为移位控制用,另外两个作为加减用,分别定义控制按钮、加按钮、减按钮。在调整时间的过程中,要调整的那位与别的位应该有区别,所以增加了闪烁功能，即调整的那位一直在闪烁直到调整下一位。闪烁原理就是让要调整的那一位每隔一定时间熄灭一次，比如说 50 ms。利用定时器计时，当达到 50 ms 溢出时，就送给该位熄灭符，在下一次溢出时，再送正常显示的值，不断交替，直到调整该位结束，此时送正常显示值给该位，再进入下一位调整闪烁程序。时间调整程序流程图如图 9 - 15 所示。

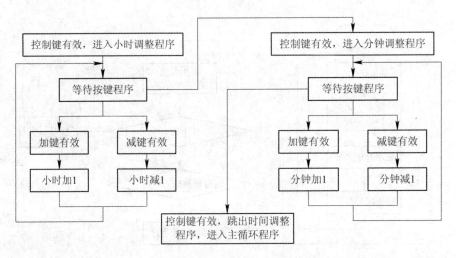

图 9 - 15　时间调整程序流程图

4）读取温度子程序设计

主程序的主要功能是负责温度的实时显示，读出并处理 DS18B20 的测量温度值，温度测量每秒进行一次。流程图如图 9 - 16 所示。

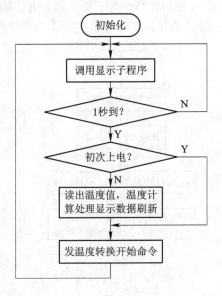

图 9 - 16　读取温度子程序流程图

读取温度子程序的主要功能是读出 RAM 中的 9 个字节，在读出时需进行 CRC 校验，校验有错时不进行温度数据的改写。其程序流程图如图 9 - 17 所示。

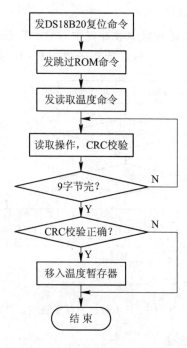

图 9 - 17 CRC 校验的流程图

5）温度转换命令子程序

温度转换命令子程序主要是发温度转换开始命令，当采用 12 位分辨率时，转换时间约为 750 ms，在本程序设计中采用 1 秒显示程序延时法等待转换的完成。

6）计算温度子程序设计

计算温度子程序将 RAM 中读取值进行 BCD 码的转换运算，并进行温度值正负的判定，其程序流程图如图 9 - 18 所示。

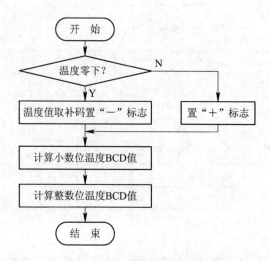

图 9 - 18 计算温度子程序流程图

7）显示数据刷新子程序设计

显示数据刷新子程序主要是对显示缓冲器中的显示数据进行刷新操作，当最高显示位为零时，将符号显示位移入下一位。程序流程图如图 9-19 所示。

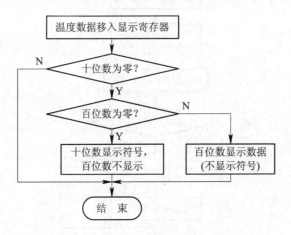

图 9-19　显示数据刷新子程序流程图

8）温度数据的计算处理方法

从 DS18B20 读取出的二进制值必须先转换成十进制值，才能用于字符的显示。因为 DS18B20 的转换精度为 9～12 位可选的，为了提高精度采用 12 位。在采用 12 位转换精度时，温度寄存器里的值是以 0.0625 为步进的，即温度值为温度寄存器里的二进制值乘以 0.0625，就是实际的十进制温度值。表 9.4 就是二进制和十进制的近似对应关系表。

表 9.4　不同进制的近似对应关系表

温度/℃	符号位（5 位）					数据位（11 位）											十六进制表示
+125	0	0	0	0	0	1	1	1	1	1	0	1	0	0	0	0	07D0H
+25.0625	0	0	0	0	0	0	0	1	1	0	0	1	0	0	0	1	0191H
+10.125	0	0	0	0	0	0	0	0	1	0	1	0	0	0	1	0	00A2H
+0.5	0	0	0	0	0	0	0	0	0	0	0	0	1	0	0	0	0008H
0	0	0	0	0	0	0	0	0	0	0	0	0	0	0	0	0	0000H
−0.5	1	1	1	1	1	1	1	1	1	1	1	1	1	0	0	0	FFF8H
−10.125	1	1	1	1	1	1	1	1	0	1	0	1	1	1	1	0	FF5EH
−25.625	1	1	1	1	1	1	0	0	1	1	0	1	0	1	1	1	FE6FH
−55	1	1	1	1	1	1	0	0	1	0	0	1	0	0	0	0	FC90H

9）温度值存储子程序

根据要求，系统要存储某几个时间点的温度，在时钟到达这几个时间点时，通过软件判断，把此时的温度数据读到单片机内存，再通过 AT24C16 的读写程序把温度数据存储到 AT24C16 对应地址单元，这样温度数据就储存起来了。

10）查询子程序

根据实际要求，可以查看某一天某一个时间的具体温度值，以及当天的最高、最低温度（可查询 10 天）。通过按钮确定要显示第几天的温度值，把温度值读到单片机内存，发命令给 AT24C16 的读写程序，查找对应的地址单元，把地址单元内容读取出来。

任务 9.2　基于 AT89C51 单片机的音乐盒的设计

任务目标

学习目标：掌握单片机应用系统的开发工具、单片机应用系统的组成、单片机应用系统的开发过程、单片机应用系统的安装调试。

能力目标：能够完成单片机控制的应用电路的设计。

任务分析

通过对掌握单片机应用系统的开发工具、单片机应用系统的组成、单片机应用系统的开发过程、单片机应用系统的安装调试等内容的学习，完成一个电子式音乐盒的设计。

知识链接

1. 电路特点

基于单片机设计制作的电子式音乐盒，与传统的机械式音乐盒相比更小巧，音质更优美，且能演奏和弦音乐。电子式音乐盒动力来源是电池，制作工艺简单，可进行批量生产，所以价格便宜。基于单片机制作的电子式音乐盒，控制功能强大，可根据需要选歌，使用方便。所放歌曲的节奏可以根据需要进行设置，根据存储容量的大小，可以尽可能多的存储歌曲。另外，可以设计彩灯外观效果，增设放歌时间、序号显示灯功能，使音乐盒的功能更加丰富，如图 9 - 20 所示。

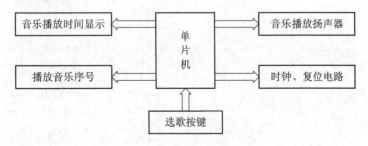

图 9 - 20　单片机音乐盒功能框图

2. 音乐盒的发音原理

播放一段音乐需要两个元素：一个是音调，另一个是音符。首先要了解对应的音调，音调主要由声音的频率决定，同时也与声音强度有关。对一定强度的纯音，音调随频率的升降而升降；对一定频率的纯音，低频纯音的音调随声强增加而下降，高频纯音的音调却随强度增加而上升。另外，音符的频率有所不同。基于以上内容，这样就对发音的原理有了一些初步的了解。

音符的发音主要靠不同的音频脉冲。利用单片机的内部定时器/计数器，使其工作在模式 1，定时中断，然后控制 P3.7 引脚输出音乐。只要算出某一音频的周期（频率的倒数），然后将此周期除以 2，即为半周期的时间。利用定时器对半周期时间计时，对半周期计时完成后就将 I/O 引脚输出脉冲信号反相，然后重复对半周期计时，待再次完成半周期计时后，再对 I/O 引脚输出脉冲信号反相，经过两次反相，就可在 I/O 引脚得到一个完整周期的脉冲信号。

3. 硬件电路设计

本设计中用到了 AT89C51 单片机、5V 电源、4×4 键盘、蜂鸣器、16×2 LCD 等硬件电路常用元器件。

1）时钟复位电路

时钟电路由单片机 XTAL1、XTAL2 引脚外接晶振（12 MHz）及起振电容 C_1、C_2（均为 30 pF）组成，如图 9-21 所示。

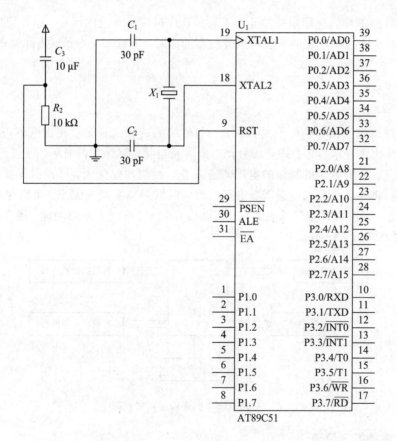

图 9-21　时钟复位电路

2）按键输入电路

按键输入电路由 4×4 矩阵键盘组成，P1 口作为输入控制按键，其中 P1.0～P1.3 扫描行，P1.4～P1.7 扫描列。

3）输出显示电路

用 P2.0～P2.2 作为 LCD 的 RS、R/W、E 的控制信号端；用 P0.0～P0.7 作为 LCD 的 D_0～D_7 的控制信号端。由于 P0 口作为输出，应加上拉电阻。用 P3.7 口控制蜂鸣器。输出显示电路如图 9 - 22 所示。

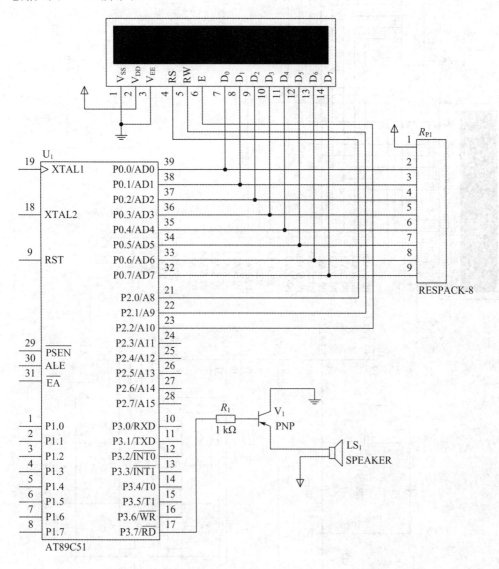

图 9 - 22　输出显示电路

4）整体硬件电路

综合以上电路，可以得出整体硬件电路如图 9 - 23 所示。

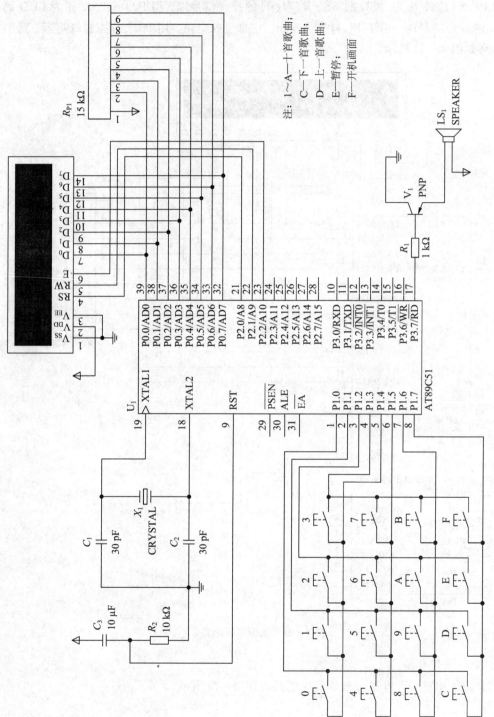

注: 1～A—十首歌曲;
　C—下一首歌曲;
　D—上一首歌曲;
　E—暂停;
　F—开机画面

图9-23　音乐盒硬件电路原理图

5）原理说明

当键盘有键按下时，判断键值，启动计数器 T_0，产生一定频率的脉冲，驱动蜂鸣器，放出乐曲。同时启动定时器 T_1，显示乐曲播放的时间，并驱动 LCD，显示歌曲号及播放时间。

硬件电路中用 P1.0～P1.7 控制按键，其中 P1.0～P1.3 扫描行，P1.4～P1.7 扫描列；用 P2.0～P2.2 作为 LCD 的 RS、R/W、E 的控制信号；用 P0.0～P0.7 作为 LCD 的 D_0～D_7 的控制信号；用 P3.7 口控制蜂鸣器；电路为 12 MHz 晶振频率工作，起振电路中 C_1、C_2 均为 30 pF。

4. 软件设计

本程序可以实现该课程设计的基本要求，并可以通过按键播放达 10 首歌曲。

程序设计流程图如图 9-24 所示。

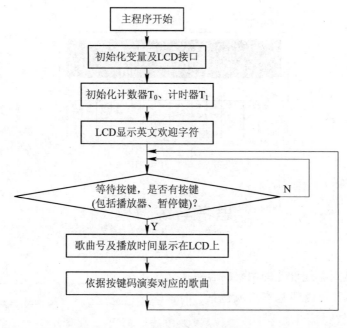

图 9-24 程序设计流程图

5. 仿真及调试

1）调试

按照前面第 3 部分设计的硬件电路在 Proteus 软件内画好电路图。

打开单片机软件开发系统 Keil，选择 AT89C51 单片机，在其中编写程序，运行生成一个 hex 文件。

电路检查无误后，双击 AT89C51 单片机，打开"编辑元件"对话框，如图 9-25 所示，将已经在 Keil 环境下调试好的程序 hex 文件加载到单片机上。

图 9 - 25　加载单片机程序

2) 仿真

点击运行按钮之后，电路上电，按下"F"键，LCD 上显示开机画面，显示开机字符 "WELCOME.HERE"及当前作用键"F"，如图 9 - 26 所示。

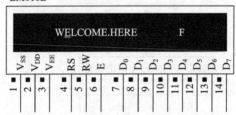

图 9 - 26　开机画面

思考与练习题

一、填空题

1. 单片机应用系统设计的主要内容包括＿＿＿＿＿、＿＿＿＿＿、＿＿＿＿＿、＿＿＿＿＿。

2. 80C51 单片机内部基本组成包括＿＿＿＿＿、＿＿＿＿＿、＿＿＿＿＿、＿＿＿＿＿、＿＿＿＿＿。

3. 单片机的最小系统包括＿＿＿＿＿、＿＿＿＿＿、＿＿＿＿＿。

二、选择题

1. 单片机片内集成了基本功能单元(　　)。

A. 微处理器　　　　　　　　B. 运算器　　　　　　　　C. 中央处理单元

2. 工业自动化设备采用工控机实现自动控制，工控机属于(　　)。

A. 通用计算机　　　　　　　B. 嵌入式计算机　　　　　C. 微处理器

3. 单片机的英文缩写为(　　)。

A. SCM　　　　　　　　　　B. MCU　　　　　　　　　C. PCL

三、问答题

1. 叙述单片机的含义。

2. 试述单片机 C 语言应用程序设计需要安装哪些软件。

3. 说明单片机应用系统设计开发的主要步骤。

附录　思考与练习题参考答案

☆项目 1

一、选择题

1. B；2. B；3. A；4. C；5. B；6. B；7. C。

二、解答题

1. $C = \dfrac{1}{2\pi f_0 X_C} = \dfrac{1}{2\pi f_0 X_L} = \dfrac{1}{(2\pi f_0)^2 L} = \dfrac{1}{(2 \times 3.14 \times 400)^2 \times 100 \times 10^{-3}} \approx 1.58 \ \mu\text{F}$

$Q = \dfrac{X_L}{R} = \dfrac{2\pi f_0 L}{R} = \dfrac{2 \times 3.14 \times 400 \times 0.1}{3.4} \approx 74$

2. $R = \dfrac{\rho}{Q} = \dfrac{100}{100} = 1 \ \Omega$，$CL = \dfrac{1}{\omega^2} = \dfrac{1}{10^6}$，$\rho^2 = \dfrac{L}{C}$

解得 $L = 1\text{H}$，$C = 1 \ \mu\text{F}$。

3. 电容 C 两端产生过电压，说明发生了串联谐振，$U_L = U_C$，即 $X_L = X_C$。

$I = \dfrac{U_C}{X_C} = 2\pi f_0 C U_C \approx 6.28 \ \text{mA}$，$R = \dfrac{U}{I} \approx 160 \ \Omega$

$Q = \dfrac{X_C}{R} \approx 100$，$L = \dfrac{X_L}{2\pi f_0} \approx 250 \ \text{mH}$

4. $f_0 = \dfrac{1}{2\pi\sqrt{LC}} \approx 600 \ \text{kHz}$，$Q = \dfrac{2\pi f_0 L}{R} = 49$，$I = U/R = 0.5 \ \text{mA}$，$U_C = QU = 245 \ \text{mV}$

5. $C = \dfrac{1}{(2\pi f_0)^2 L} = \dfrac{1}{\omega^2 L} = 80 \ \mu\text{F}$，$I_0 = \dfrac{U}{R} = 10 \ \text{A}$

$Q = \dfrac{X_L}{R} = \dfrac{\omega L}{R} = 5$，$U_C = U_L = QU = 50 \ \text{V}$，$U_{RL} = \sqrt{U_R^2 + U_L^2} = 51 \ \text{V}$

☆项目 2

一、判断题

1. ×；2. ×；3. √；4. ×；5. ×；6. ×；7. √；8. ×；9. ×。

二、选择题

1. A；2. C；3. A, C；4. A；5. C；6. A；7. C；8. A；9. B；10. C；11. A；12. C；13. B；14. B。

三、解答题

1. 不能。因为二极管的正向电流与其端电压成指数关系，当端电压为 1.5 V 时，管子会因电流过大而烧坏。

2. u_i 和 u_o 的波形如解图 1 所示。

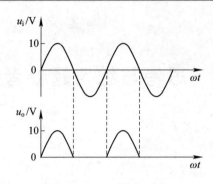

解图 1　u_i 和 u_o 的波形

3. u_i 和 u_o 的波形如解图 2 所示。

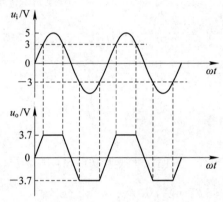

解图 2　u_i 和 u_o 的波形

4. u_o 的波形如解图 3 所示。

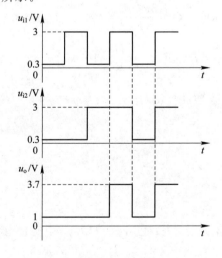

解图 3　u_o 的波形

5. 二极管的直流电流为

$$I_D = (U - U_D)/R = 2.6 \text{ mA}$$

其动态电阻为

$$r_D \approx U_T / I_D = 10 \ \Omega$$

故动态电流有效值为

$$I_d = U_i / r_D \approx 1 \ \text{mA}$$

6.（1）两只稳压管串联时，可得 1.4 V、6.7 V、8.7 V 和 14 V 四种稳压值。

（2）两只稳压管并联时，可得 0.7 V 和 6 V 两种稳压值。

7.稳压管的最大稳定电流为

$$I_{Zmax} = \frac{P_{Zmax}}{U_Z} = 25 \ \text{mA}$$

电阻 R 的电流为 $I_{Zmax} \sim I_{Zmin}$，$R = \dfrac{U_I - U_Z}{I_Z}$，所以 R 的取值范围为 0.36～1.8 kΩ。

8.（1）当 $U_i = 10$ V 时，若 $U_o = U_Z = 6$ V，则稳压管的电流为 4 mA，小于其最小稳定电流，所以稳压管未击穿。故

$$U_o = \frac{R_L}{R + R_L} \cdot U_i \approx 3.33 \ \text{V}$$

当 $U_i = 15$ V 时，稳压管中的电流大于最小稳定电流 I_{Zmin}，所以

$$U_o = U_Z = 6 \ \text{V}$$

同理，当 $U_i = 35$ V 时，$U_o = U_Z = 6$ V。

（2）$I_Z = \dfrac{U_i - U_Z}{R} = 29 \ \text{mA} > I_{Zmax} = 25 \ \text{mA}$，稳压管将因功耗过大而损坏。

9.（1）Q 点：

$$I_{BQ} = \frac{U_{CC} - U_{BEQ}}{R_b + (1+\beta)R_e} \approx 31 \ \mu\text{A}$$

$$I_{CC} = \beta I_{BC} \approx 1.86 \ \text{mA}$$

$$U_{CEQ} \approx U_{CC} - I_{EQ}(R_c + R_e) = 4.56 \ \text{V}$$

A_u、R_i 和 R_o 的分析：

$$r_{be} = r_{bb'} + (1+\beta) \cdot \frac{26 \ \text{mV}}{I_{EQ}} \approx 952 \ \Omega$$

$$R_i = R_b /\!/ r_{be} \approx 952 \ \Omega$$

$$\dot{A}_u = -\frac{\beta(R_c /\!/ R_L)}{r_{be}} \approx -95$$

$$R_o = R_c = 3 \ \text{k}\Omega$$

（2）设 $u_s = 10$ mV（有效值），则

$$u_i = \frac{R_i}{R_s + R_i} \cdot u_s \approx 3.2 \ \text{mV}$$

$$u_o = |\dot{A}_u| u_i \approx 304 \ \text{mV}$$

☆项目 3

一、填空题

1.无穷大，零，无穷大；接近正负电源值。

2. 线性，非线性，饱和值。

3. 虚短，虚断。

4. 虚地，相等。

5. 同相，反相。

6. 同相，反相。

7. 和。

8. 同相，反相。

9. 反相求和。

10. 微分，积分。

二、选择题

1.（1）D；（2）E；（3）A；（4）C；（5）A，B；

2. A。

三、解答题

1. $u_o = -\dfrac{R_f}{R_1} u_i = -\dfrac{50}{5} u_i = -10 u_i$，所以，当 $u_i = 0.5$ V 时，$u_o = -5$ V，当 $u_i = 1$ V 时，$u_o = -10$ V，当 $u_i = 1.5$ V 时，$u_o = -12$ V。（注意：不是 -15 V，因为集成运算放大器的最大幅值为 ± 12 V）

2. 根据虚断性质可知，$i_2 = 0$ A，所以 $u_i = u_+$。

根据虚短性质可知，$u_+ = u_-$。

综上，$u_i = u_-$，所以流经 R_1 及 R_f 的电流为 0，可得 $u_o = u_- = u_i$。

3. 根据虚断及虚短的性质可得，$u_+ = u_- = 0$ V，并设 R_2 及 R_3 间的电位为 u_{o1}。$i_1 = i_f = \dfrac{u_i}{R_1} = -\dfrac{u_{o1}}{R_f}$，所以 $u_{o1} = -\dfrac{R_f}{R_1} u_i$。

根据基尔霍夫电流定律可得

$$\frac{u_i}{R_1} = \frac{u_{o1} - u_o}{R_2} + \frac{u_{o1}}{R_3}$$

将 u_{o1} 代入上式，经整理可得

$$u_o = \left[-\frac{R_f}{R_1} \left(1 + \frac{R_2}{R_3} \right) - \frac{R_2}{R_1} \right] u_i$$

4. 根据虚断性质可得

$$u_- = \frac{u_o}{R_1 + R_f} \times R_1, \quad u_+ = \frac{u_i}{R_2 + R_3} \times R_3$$

根据虚短性质 $u_+ = u_-$ 得

$$\frac{u_o}{R_1 + R_f} \times R_1 = \frac{u_i}{R_2 + R_3} \times R_3$$

整理得 $u_o = \dfrac{R_1 + R_f}{R_2 + R_3} \times \dfrac{R_3}{R_1} \times u_i = 5$ V。

5.（1）设计一个反相比例运算电路来实现 $u_o = -2u_i$，电路图如解图 4 所示。

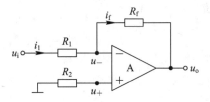

解图 4　$u_o = -2u_i$ 的电路图

可得 $u_o = -\dfrac{R_f}{R_1}u_i$，由 $\dfrac{R_f}{R_1} = 2$，$R_f = 100\ \text{k}\Omega$ 得出 $R_1 = 50\ \text{k}\Omega$，因此平衡电阻

$$R_2 = R_1 /\!/ R_f = \frac{100 \times 50}{100 + 50} = 33.3\ \text{k}\Omega$$

（2）设计两级运放来实现 $u_o = 3u_{i2} - u_{i1}$，其中 $R_{f1} = R_{f2} = 20\ \text{k}\Omega$，电路图如解图 5 所示。

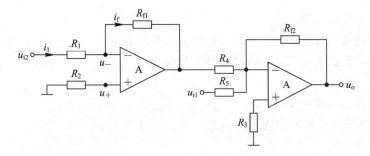

解图 5　$u_o = 3u_{i2} - u_{i1}$ 的电路图

经分析上述电路可得

$$u_o = \frac{R_{f2}}{R_4} \times \frac{R_{f1}}{R_1} \times u_{i2} - \frac{R_{f2}}{R_5} \times u_{i1}$$

令 $\dfrac{R_{f2}}{R_5} = 1$，可得 $R_5 = 20\ \text{k}\Omega$。又因

$$\frac{R_{f2}}{R_4} \times \frac{R_{f1}}{R_1} = 3$$

即 $R_1 R_4 = \dfrac{400}{3}$，取 $R_1 = \dfrac{40}{3}\ \text{k}\Omega$，$R_4 = 10\ \text{k}\Omega$。因此

$$R_2 = R_1 /\!/ R_{f1} = 10 /\!/ 20\ \text{k}\Omega = \frac{20}{3}\text{k}\Omega$$

$$R_3 = R_4 /\!/ R_5 /\!/ R_{f2} = 10 /\!/ 20 /\!/ 20\ \text{k}\Omega = 5\ \text{k}\Omega$$

（3）所设计电路图如解图 6 所示。

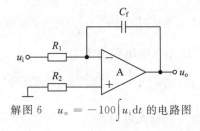

解图 6　$u_o = -100\displaystyle\int u_i \mathrm{d}t$ 的电路图

$$u_\circ = -\frac{1}{C_f R_1}\int u_i \mathrm{d}t = -100\int u_i \mathrm{d}t$$

即 $\dfrac{1}{C_f R_1}=100$，已知 $C_f=0.1\ \mu\mathrm{F}$，所以 $R_1=100\ \mathrm{k}\Omega$。

☆项目 4

一、判断题

1. $\times$；2. $\checkmark$；3. $\times$；4. $\times$，$\times$，$\checkmark$；5. $\times$，$\times$，$\checkmark$，$\checkmark$；6. $\times$，$\checkmark$，$\checkmark$；7. $\times$；8. $\times$；9. $\times$；10. $\checkmark$；11. $\times$；12. $\checkmark$；13. $\times$；14. $\checkmark$；15. $\times$；16. $\checkmark$；17. $\checkmark$；18. $\times$。

二、选择题

1. C；2. A；3. B；4. (1) C，(2) A，(3) B。

三、解答题

1. (1) 特性表示不同。

一阶滤波器的特性一般用一阶线性微分方程来表示。

二阶滤波器的特性用二阶线性微分方程表示。

(2) 特点不同。

一阶滤波器：频率响应。

二阶滤波器：幅频响应在零频率处。

(3) 应用不同。

一阶滤波器的电路最简单，但带外传输系数衰减慢，一般在对带外衰减性要求不高的场合下选用。

二阶滤波器除了应用在电子学和信号处理领域外，带通滤波器应用的一个例子是在大气科学领域，使用带通滤波器过滤最近 3 到 10 天时间范围内的天气数据，这样在数据域中就只保留了作为扰动的气旋。

2. (1) 根据特征频率 f_0 选择 R、C 的值，取 $C=0.1\ \mu\mathrm{F}$，则 $R=1.6\ \mathrm{k}\Omega$。

(2) 已知 Q 值，求 A_u 值，得 $A_u=2.8$。

(3) 根据平衡电阻对称条件及 A_u 与 R_1、R_F 的关系，求出 $R_1=5\ \mathrm{k}\Omega$，$R_f=9\ \mathrm{k}\Omega$。

3. (1) 最大输出功率和效率分别为

$$P_{om}=\frac{(U_{CC}-|U_{CES}|)^2}{2R_L}=24.5\ \mathrm{W}$$

$$\eta=\frac{\pi}{4}\cdot\frac{U_{CC}-|U_{CES}|}{U_{CC}}\approx 69.8\%$$

(2) 晶体管的最大功耗为

$$P_{Tm}\approx 0.2P_{om}=\frac{0.2\times U_{CC}^2}{2R_L}=6.4\ \mathrm{W}$$

(3) 输出功率为 P_{om} 时的输入电压有效值为

$$U_i\approx U_{om}\approx\frac{U_{CC}-|U_{CES}|}{\sqrt{2}}\approx 9.9\ \mathrm{V}$$

4. (1) 最大不失真输出电压的有效值为

$$U_{om} = \frac{\dfrac{R_L}{R_4 + R_L} \cdot (U_{CC} - U_{CES})}{\sqrt{2}} \approx 8.65 \text{ V}$$

（2）负载电流最大值为

$$i_{Lm} = \frac{U_{CC} - U_{CES}}{R_4 + R_L} \approx 1.53 \text{ A}$$

（3）最大输出功率和效率分别为

$$P_{om} = \frac{U_{om}^2}{2R_L} \approx 9.35 \text{ W}$$

$$\eta = \frac{\pi}{4} \cdot \frac{U_{CC} - U_{CES} - U_{R4}}{U_{CC}} \approx 64\%$$

☆项目 5

一、填空题

1. 1，0、000、001、010、011、100、101、110、111。

2. 8。

3. 2，1。

4. 同或，与非门，或非。

5. 正。

6. 最小项。

7. 8。

8. $\overline{A} \cdot \overline{B} \cdot \overline{C} + \overline{A} \cdot \overline{B} \cdot C + \overline{A}BC + ABC$。

9. 高阻态。

10. 高，低。

11. 方波。

12. $Y = ABC$。

13. 真值表，逻辑表达式，逻辑图，卡诺图。

14. D，T。

二、判断题

1. ×；2. √。

三、选择题

1. A；2. D；3. A；4. D；5. A；6. C；7. D；8. A；9. A；10. A；11. B；12. B；13. D。

☆项目 6

一、填空题

1. 组合，存储。

2. 触发器。

3. 6，3，2。

4. 8。

5. 寄存数据，移位。

二、判断题

1. √；2. √；3. √；4. ×；5. ×；6. ×；7. ×；8. ×；9. √；10. ×；11. √；12. √；

13. √；14. √；15. ×。

三、选择题

1. A；2. B；3. B；4. D；5. C；6. D；7. D；8. B；9. D；10. D；11. A；12. B；13. A；

14. D；15. A，D；16. B；17. C。

四、解答题

1.（1）驱动方程为

$$D_1 = Q_1'$$
$$D_2 = A \oplus Q_1 \oplus Q_2$$

（2）特性方程为 $Q^* = D$，将驱动方程代入特性方程可得状态方程为

$$Q_1^* = D_1 = Q_1'$$
$$Q_2^* = D_2 = A \oplus Q_1 \oplus Q_2$$

（3）输出方程为

$$Y = A'Q_1Q_2 + AQ_1'Q_2'$$

（4）列出状态转换表。

当 $A = 1$ 时，根据 $Q_1^* = Q_1'$，$Q_2^* = Q_1'Q_2' + Q_1Q_2$，$Y = Q_1'Q_2'$ 可列出状态转换表，如表 1 所示。

表 1　$A = 1$ 时的状态转换表

Q_2Q_1	$Q_2^*Q_1^*$	Y
00	11	1
01	00	0
10	01	0
11	10	0

当 $A = 0$ 时，根据 $Q_1^* = Q_1'$，$Q_2^* = Q_1Q_2' + Q_1'Q_2$，$Y = Q_1Q_2$ 可列出状态转换表，如表 2 所示。

表 2　$A = 0$ 时的状态转换表

Q_2Q_1	$Q_2^*Q_1^*$	Y
00	01	0
01	10	0
10	11	0
11	00	1

（5）画状态转换图。该时序逻辑电路的状态转换图如解图 7 所示。

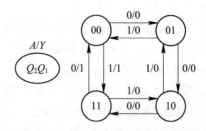

解图 7　状态转换图

（6）说明电路实现的逻辑功能。

此电路是一个可逆的四进制计数器，CLK 是计数脉冲输入端，A 是加减控制端，Y 是进位和借位输出端。当控制输入端 A 为低电平 0 时，对输入的脉冲进行加法计数，计满 4 个脉冲，Y 输出端输出一个高电平进位信号。当控制输入端 A 为高电平 1 时，对输入的脉冲进行减法计数，计满 4 个脉冲，Y 输出端输出一个高电平借位信号。

2.（1）状态转换图如解图 8 所示。

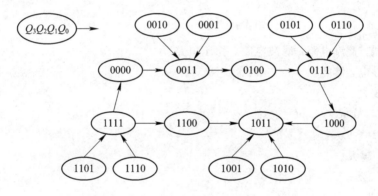

解图 8　状态转换图

（2）可以自启动。

（3）模＝8。

☆项目 7

一、填空题

1. D/A 转换器，A/D 转换器。

2. A/D 转换器。

3. 采样。

4. 双积分型，逐次逼近型。

5. 分辨率。

二、选择题

1. B；2. A；3. C。

三、问答题

D/A 转换器的转换误差是一个综合性的静态性能指标，转换误差包括比例系数误差、失调误差和非线性误差等。

比例系数误差是指实际转换特性曲线的斜率与理想特性曲线斜率的偏差。如在 n 位倒 T 型电阻网络 D/A 转换器中,当 U_{REF} 偏离标准值 ΔU_{REF} 时,就会在输出端产生误差电压 ΔU_o。由式可知 ΔU_{REF} 引起的误差属于比例系数误差。

失调误差由运算放大器的零点漂移引起,其大小与输入数字量无关,该误差使输出电压的偏移特性曲线发生平移,3 位 D/A 转换器的失调误差非线性误差是一种没有一定变化规律的误差,一般用在满刻度范围内,偏离理想的转移特性的最大值来表示。

引起非线性误差的原因较多,如电路中的各模拟开关不仅存在不同的导通电压和导通电阻,而且每个开关处于不同位置(接地或接 U_{REF})时,其开关压降和电阻也不一定相等。又如,在电阻网络中,每个支路上电阻误差不相同,不同位置上的电阻的误差对输出电压的影响也不相同等,这些都会导致非线性误差。

综上所述,为获得高精度的 D/A 转换精度,不仅应选择位数较多的高分辨率的 D/A 转换器,而且还需要选用高稳定的 U_{REF} 和低零漂的运算放大器才能达到要求。

☆项目 8

一、填空题

1. 变压器,整流电路,滤波电路,稳压电路。

2. 单向导电,储能。

3. 线性放大。

4. $0.45U_2$,$0.9U_2$,$0.9U_2$。

5. $1.2U_2$。

6. 较大,越大。

7. -15,12。

二、判断题

1. ×; 2. √; 3. √; 4. ×; 5. √; 6. √; 7. √; 8. √; 9. ×; 10. √。

三、选择题

1. A; 2. C; 3. C; 4. B; 5. C。

四、解答题

1. (1) 输出电压平均值为 $U_{o(av)} \approx 0.9U_2$,因此变压器副边电压有效值为

$$U_2 \approx \frac{U_{o(av)}}{0.9} \approx 20 \text{ V}$$

(2) 考虑到电网电压波动范围为 $\pm 10\%$,整流二极管的参数为

$$I_F > 1.1 \times \frac{I_{L(av)}}{2} = 44 \text{ mA}$$

$$U_R > 1.1\sqrt{2}U_2 \approx 31 \text{ V}$$

2. (1) 输出电压的调节范围为

$$U_o \approx \frac{R_1 + R_2}{R_1} U_{REF} = 1.25 \sim 16.9 \text{ V}$$

(2) 因为 $U_{imin} - U_{omax} = U_{12min} = 3$ V,所以 $U_{imin} \approx 20$ V。

因为 $U_{imax}-U_{omin}=U_{12max}=40\text{ V}$，所以 $U_{imax}=41.25\text{ V}$。

输入电压的取值范围为 $20\sim41.25\text{ V}$。

☆项目 9

一、填空题

1．外围扩展电路的硬件结构设计，低功耗设计，应用软件设计，抗干扰技术设计。

2．CPU，存储器，中断系统，定时器/计数器，串行口和并行口。

3．电源，复位电路，时钟电路。

二、选择题

1．C；2．A；3．B。

三、问答题

1．利用大规模集成技术，将计算机的各个基本功能单元集成在一块硅片上，这块芯片就具有一台计算机的属性，因而被称为单片微型计算机，简称单片机。

2．一般的用 C51 内核的单片机可以用 KEIL C，低功耗应用领域 MSP430 系列的用 IAR4.0 以上就可以了，AVR 系列芯片开发则用 ICCAVR，单片机开发板一般都会有对应的 C 语言编译软件，有的还要配仿真器用于把编译好二进制文件烧写到芯片内。

3．单片机应用系统的研究开发步骤，大致分为以下几个步骤。

（1）策划阶段。

策划阶段决定研发方向，是整个研发流程中的重中之重，所谓"失之毫厘谬以千里"。因此必须"运筹帷幄，谋定而动"。策划有两大内涵：做什么？怎么做？

① 项目需求分析。解决"做什么""做到什么程度"的问题。

对项目进行功能描述，要能够满足用户使用要求。对项目设定性能指标，要能够满足可测性要求。所有的需求分析结果应该落实到文字记录上。

② 总体设计，又叫概要设计、模块设计、层次设计，都是一个意思。解决"怎么做？""如何克服关键难题？"问题。

以对项目需求分析为依据，提出解决方案的设想，摸清关键技术及其难度，明确技术主攻问题。

针对主攻问题开展调研工作，查找中外有关资料，确定初步方案，包括模块功能、信息流向、输入输出的描述说明。在这一步，仿真是进行方案选择时有力的决策支持工具。

③ 在总体设计中还要划分硬件和软件的设计内容。单片机应用开发技术是软硬件结合的技术，方案设计要权衡任务的软硬件分工。硬件设计会影响到软件程序结构。如果系统中增加某个硬件接口芯片，而给系统程序的模块化带来了可能和方便，那么这个硬件开销是值得的。在无碍大局的情况下，以软件代替硬件正是计算机技术的长处。

④ 进行总体设计时要注意，尽量采纳可借鉴的成熟技术，减少重复性劳动，同时还能增加可靠性，对设计进度也更具可预测性。

（2）实施阶段之硬件设计。

策划好了之后就该落实阶段，有硬件也有软件。随着单片机嵌入式系统设计技术的飞速发展，元器件集成功能越来越强大，设计工作重心也越来越向软件设计方面转移。硬件设计的特点是设计任务前重后轻。

单片机应用系统的设计可划分为两部分：一部分是与单片机直接接口的电路芯片相关数字电路的设计，如存储器和并行接口的扩展，定时系统、中断系统扩展，一般的外部设备的接口，甚至于 A/D、D/A 芯片的接口。另一部分是与模拟电路相关的电路设计，包括信号整形、变换、隔离和选用传感器，输出通道中的隔离和驱动以及执行元件的选用。

工作内容：

① 模块分解。策划阶段给出的方案只是个概念方案，在这一步要把它转化为电子产品设计的概念描述的模块，并且要一层层分解下去，直到熟悉的典型电路。尽可能选用符合单片机用法的典型电路。当系统扩展的各类接口芯片较多时，要充分考虑到总线驱动能力。当负载超过允许范围时，为了保证系统可靠工作，必须加总线驱动器。

② 选择元器件。尽可能采用新技术，选用新的元件及芯片。

③ 设计电原理图及说明。

④ 设计 PCB 及说明。

⑤ 设计分级调试、测试方法。

设计中要注意的问题：

① 抗干扰设计是硬件设计的重要内容，如看门狗电路、去耦滤波、通道隔离、合理的印制板布线等。

② 所有设计工作都要落实到文字记录上。

（3）实施阶段之软件设计。

实施阶段的另一支路是软件设计。软件设计的特点：贯穿整个产品研发过程，有占主导地位的趋势。在进行软件设计工作时，选择一款合用的编程开发环境软件，对提高工作效率特别是团队协作开发效率很重要。工作内容：

① 模块分解。策划阶段给出的方案是面向用户功能的概念方案，在这一步要把它转化为软件设计常用的概念描述的模块，并且要采用自顶向下的程序设计方法，一层层分解下去，直到最基本的功能模块、子程序（函数）。

② 依据对模块的分解结果及硬件设计的元器件方案，进行数据结构规划和资源划分定义。结果一定要落实到文字记录中。

③ 充分利用流程图这个工具。用分层流程图，可以完满前面的工作。第一步，先进行最原始的规划，将总任务分解成若干个子任务，安排好它们的关系，暂不管各个子任务如何完成。第二步，将规划流程图的各个子任务进行细化。主要任务是设计算法，不考虑实现的细节。利用成熟的常用算法子程序可以简化程序设计。通常第二张程序流程图已能说明该程序的设计方法和思路，用来向他人解释本程序的设计方法是很适宜的。这一步算法的合理性和效率决定了程序的质量。第三步，以资源分配为策划重点，要为每一个参数、中间结果、各种指针、计数器分配工作单元，定义数据类型和数据结构。在进行这一步工作时，要注意上下左右的关系，本模块的入口参数和出口参数的格式要和全局定义一致，本程序要调用低级子程序时，要和低级子程序发生参数传递，必须协调好它们之间的数据格式。本模块中各个环节之间传递中间结果时，其格式也要协调好。在定点数系统中，中间结果存放格式要仔细设计，避免发生溢出和精度损失。一般中间结果要比原始数据范围大，精度高，才能使最终结果可靠。

④ 一般的程序都可划分为监控程序、功能模块子程序（函数）、中断服务程序这几种类

型。参考现成的模板可大大简化设计的难度。监控程序中的初始化部分需要根据数据结构规划和资源划分定义来设计。

⑤ 到了这一步，软件编程工作其实已经完成了九成，剩下就是把流程图代码化，不少人把这一步错称为"编程序"。难度不大但很烦琐，只要认真有耐心，坚持到汇编(编译)通过就看到曙光了。

⑥ 拟定调试、试验、验收方案。这一步不光是方案，还得搭建测试环境，主要内容还是编程，可以当作一个新项目再做一遍策划与实施，有时还得考虑硬件(包括信号源、测量仪器、电源等)。

设计中要注意的问题：

① 外部设备和外部事件尽量采用中断方式与 CPU 联络，这样，既便于系统模块化，也可提高程序效率。

② 目前已有一些实用子程序发表，程序设计时可适当使用，其中包括运行子程序和控制算法程序等。

③ 系统的软件设计应充分考虑到软件抗干扰措施。

④ 一切设计都要落实到文字记录上。文档的作用怎么强调都不过分。

(4) 验证阶段。

验证阶段包括的内容比较多也比较杂：软硬件调试，局部和整理的测试大纲及实施，整体测试成功后 EPROM 固化脱机运行及测试，最后别忘了整理所有的设计检验文档记录。毕竟所谓"设计"，指的是文档而不是样品(包括实物和软件演示效果)，样品只是证明文档正确的一种手段。这一步内容因项目而异，变化多端，大概的工作内容如下。

① 软硬件联调，包括局部联调和整体联调。主要目标是尽量使设计结果能够按预想的目标运行。联调离不了开发机，有时候反复很大，甚至推倒重来都不罕见。联调的每一步目标在软件设计时就设定好了。一个很重要的问题是软件硬件的抗干扰、可靠性测试。要考虑到尽可能多的意外情况。

② 脱机调试。调试通过的程序，最终要脱机运行，即将仿真 ROM 中运行的程序固化到 EPROM 脱机运行。但在开发装置上运行正常的程序，固化后脱机运行并不一定同样正常。若脱机运行有问题，需分析原因，如是否总线驱动功能不够，或是对接口芯片操作的时间不匹配等。经修改的程序需再次写入。这是真实环境下的软硬件联调。

③ 验证设计。以策划阶段的项目需求分析、硬件设计的测试设计文件、软件设计的测试设计文件和搭建的测试环境为依据，编写功能测试大纲、性能测试大纲，并实施验收检验。

④ 项目验收时最重要的是完整的文档记录，大致包括项目管理类、硬件设计类、软件设计类、验收检验类等。

参 考 文 献

[1] 解相吾，解文博. 电子产品开发设计与实践教程[M]. 北京：清华大学出版社，2008.

[2] 陈强. 电子产品设计与制作[M]. 北京：电子工业出版社，2013.

[3] 王松武. 电子创新设计与实践[M]. 北京：国防工业出版社，2010.

[4] 李雄杰，翁正国. 电子产品设计[M]. 北京：电子工业出版社，2017.